Duden

# Projektmanagement

**Duden**

# Projekt-management

Von Artur Pionczyk
in Zusammenarbeit
mit der Dudenredaktion



**Dudenverlag**
Mannheim · Zürich

Die **Duden-Sprachberatung** beantwortet Ihre Fragen
zu Rechtschreibung, Zeichensetzung, Grammatik u. Ä.
montags bis freitags zwischen 08:00 und 18:00 Uhr.
Aus Deutschland: 09001 870098 (1,86 € pro Minute aus dem Festnetz)
Aus Österreich: 0900 844144 (1,80 € pro Minute aus dem Festnetz)
Aus der Schweiz: 0900 383360 (3,13 CHF pro Minute aus dem Festnetz)
Die Tarife für Anrufe aus den Mobilfunknetzen können davon abweichen.
Unter www.duden-suche.de können Sie mit einem Online-Abo
auch per Internet in ausgewählten Dudenwerken nachschlagen.
Den kostenlosen Newsletter der Duden-Sprachberatung können Sie
unter www.duden.de/newsletter abonnieren.

Bibliografische Information der Deutschen Nationalbibliothek
Die Deutsche Nationalbibliothek verzeichnet diese Publikation in der Deutschen Nationalbibliografie; detaillierte bibliografische Daten sind im Internet über http://dnb.ddb.de abrufbar.



Redaktionelle Leitung: Dr. Hildegard Hogen
Redaktion: Cordula Natusch
Herstellung: Monika Schoch

Typografie: Horst Bachmann
Umschlagabbildung: fotolia/Angelika Bentin
Satz: Bibliographisches Institut GmbH
Druck und Bindung: Heenemann GmbH & Co. KG, Bessemerstraße 83–91, 12103 Berlin
Printed in Germany

ISBN 978-3-411-74511-1
Auch als E-Book erhältlich unter: ISBN 978-3-411-90261-3
www.duden.de

# Inhalt

## Was ist ein Projekt?

Ein Projekt ist ein einmaliges, innovatives, komplexes Vorhaben mit ausgewiesenen Zielen, einem begrenzten Budget, einem definierten Anfang und einem klaren Endtermin.

### Die Merkmale eines Projekts

Erst bestimmte Merkmale machen ein Vorhaben zu einem Projekt.

Die Definition »Projekt« erfüllt eine wichtige Funktion. Sie ermöglicht eine Einschätzung, ob es sich bei einem Vorhaben tatsächlich um ein Projekt handelt oder nur um eine komplexe Aufgabe.
Im alltäglichen Sprachgebrauch werden viele umfangreichere Aufgaben als Projekt bezeichnet. Allerdings machen erst bestimmte Merkmale ein Vorhaben tatsächlich zu einem Projekt. Die Entscheidung, eine Projektorganisation zu entfalten, hat einen gewissen Aufwand zur Folge. Dieser lohnt sich nur, wenn die Kriterien eines Projekts auch erfüllt sind, bei komplexen Aufgaben genügt ein geringerer Planungsaufwand. Das Verhältnis von Planungsaufwand und Nutzen sollte stimmen.

### Komplexe Struktur

Planungsinstrumente sind erforderlich.

Verschiedene Beteiligte aus unterschiedlichen Bereichen der Organisation müssen über die Schnittstellen hinweg und neben der täglichen Arbeit das Projekt voranbringen. Oft gibt es zusätzlich externe Projektpartner beziehungsweise externe Auftragnehmer erledigen Projektarbeiten. Es sind komplexe Planungsmittel erforderlich, um alle wichtigen personellen Ressourcen, die für das Gelingen des Projekts nötig sind, zu koordinieren.

### Einmaliger Ablauf

Ein Projekt ist etwas vollständig Neues.

Mit einem Projekt kommt etwas Neues in diese Welt, das in gleicher Weise noch nicht geplant und durchgeführt wurde. Im Wiederholungsfall liegen dagegen schon Unterlagen vor, die die Arbeit erleichtern.

Mit anderen Worten: Ein Projekt ist ein abgrenzbares, vollständig neues Einzelvorhaben. Es liegen noch keine Planungsunterlagen oder Checklisten vor, auf die die Verantwortlichen zurückgreifen könnten.

**Projekt oder Vorhaben?**
Eine Stadt plant, in Zukunft Filmtage zu veranstalten. Deren Planung und Durchführung kann beim ersten Mal ein Projekt sein. Im nächsten Jahr aber können die Beteiligten bereits auf Checklisten und Planungsdokumente zurückgreifen, die eine Projektplanung »von Anfang an« überflüssig machen.

## Festgelegte Ziele

Kriterien für die Zielformulierung

Die Grundregel ist: kein Projekt ohne schriftlich festgelegte Ziele! Diese entsprechen den Kriterien für Zielformulierung. Das bedeutet, dass sie

- spezifisch (konkret auf ein erwünschtes Ergebnis bezogen),
- messbar (durch Zahlen, Daten, Fakten und andere Kriterien überprüfbar),
- attraktiv (für die Projektmitarbeiter motivierend und anregend, sie setzen Energien frei),
- realistisch (in der vorgegebenen Zeit erreichbar, aber gleichzeitig auch herausfordernd) und
- terminiert (mit einem festen Erledigungsdatum versehen)

sind. Die Ziele sind damit wegweisend und kontrollierbar, Auftraggeber und Durchführende können am Ende eindeutig feststellen, ob sie erreicht wurden. Zudem bestimmen die Verantwortlichen Meilensteine, mithilfe derer sie im Verlauf des Projekts den Zielerreichungsgrad kontrollieren können.

## Prozessorientierte Steuerung

Abgleich zwischen Soll und Ist

In festgelegten Intervallen findet bei Projekten ein Vergleich zwischen den Soll- und den Istwerten statt. Planabweichungen werden so schon frühzeitig sichtbar. Bei gravierenden Differenzen ergreifen die Verantwortlichen

Steuerungsmaßnahmen, mit denen bis zum nächsten Zwischenbericht die Istwerte wieder die Sollwerte erreichen sollen. Dabei kommt auch infrage, die Projektziele zu verändern. Wenn der Auftraggeber mit diesen Korrekturen nicht einverstanden ist, kann er das Projekt vorzeitig abbrechen. Vorteil einer solchen prozessorientierten Steuerung ist, dass die Verantwortlichen flexibel auf Veränderungen reagieren können.

**Wie viel Steuerung ist notwendig?**

Ist das Vorhaben von vornherein so überschaubar, dass keine Nachsteuerung erforderlich ist, ist eine Projektorganisation nicht notwendig.

#### Termindruck durch vorgegebenen Abschlusstermin

Abschlusstermin steht fest

Um das Projekt planen, kontrollieren und steuern zu können, ist ein präziser Abschlusstermin nötig. Bei vielen Projekten ergibt sich dieser aus Verträgen mit einem externen Kunden oder aus natürlichen Gründen, zum Beispiel bei einer Jubiläumsfeier.
Der Abschlusstermin ist ein Datum, das die Verantwortlichen erst dann verschieben sollten, wenn alle anderen Steuerungsmaßnahmen nicht greifen. In diesem Fall muss der Auftraggeber zustimmen.

#### Limitierte Kosten

Gesamtbudget kann nur mit Zustimmung des Auftraggebers geändert werden

Jedes Projekt verfügt über ein Budget. Auch dies ist eine Sollgröße, die nur mit dem Einverständnis des Auftraggebers geändert werden kann. Bevor es aber dazu kommt, sind viele Steuerungsmaßnahmen zu bedenken. Diese können entweder im Kompetenzbereich der Projektleitung liegen oder der Auftraggeber muss über ihre Umsetzung entscheiden, etwa wenn es darum geht, den Qualitätsstandard zu lockern oder die tolerierbaren Fehlerquoten festzulegen.

Es ist aufwendig, ein Projekt zu planen.

### Ist der Planungsaufwand gerechtfertigt?

Erst wenn diese Merkmale vorhanden sind, lohnt es sich, den Planungsaufwand eines Projekts zu betreiben, also

- einen Projektauftrag,
- einen Projektstrukturplan,
- einen Projektbudgetplan,
- einen Projektzeitplan,
- einen Meilensteinplan und
- einen Projektorganisationsplan

zu erstellen sowie eine Reihe wichtiger Aktivitäten in den Projektphasen zu ergreifen.

### Vorteile der Projektorganisation

Die Projektorganisation bietet eine Reihe von Vorteilen. Diese sind aber nur dann zu erreichen, wenn die Verantwortlichen die Weichen entsprechend stellen. Es ist also notwendig, die Organisation konsequent umzusetzen.

Leerlauf und überflüssige Arbeit verhindern

### Klare Ziele

Klare Zielvorgaben erlauben dem Projektteam und den Projektpartnern, ergebnisorientiert zu arbeiten. Sie verhindern, dass es zu Leerlauf und überflüssiger Arbeit kommt. Die Beteiligten sollten die Projektziele mit dem Auftraggeber bereits in der ersten Projektphase und möglichst konkret klären. Alle Ziele müssen überprüfbare Ergebnisse beschreiben. Wenn diese modifiziert werden, ist eine prozessorientierte Steuerung nötig. Dann ist es oft erforderlich, die Rahmenplanung des Projekts zu verändern, etwa hinsichtlich des Abschlusstermins, des Budgets und so weiter.

Ein häufiges Problem ist, dass die Verantwortlichen die Zielvorgaben erst im Verlauf des Projekts genauer definieren oder später modifizieren. Wenn externe Kunden dies veranlassen, sollte zumindest intern alles dafür getan werden, die Projektziele möglichst frühzeitig zu klären.

Probleme möglichst frühzeitig erkennen

**Laufende Überwachung**
Die Vorgabe des Budgetplans sowie die Festlegung von Controlling-Kriterien und Controlling-Terminen erlauben es, den Projektablauf effektiv zu überwachen. Die Beteiligten erkennen Probleme nicht erst am Ende, sondern zu festgelegten Zeitpunkten im Verlauf des Projekts.
Das ist die Voraussetzung für geeignete Steuerungsmaßnahmen. Die Zwischenberichte geben Aufschluss darüber, ob die Plangrößen eingehalten wurden beziehungsweise ob Abweichungen vorhanden sind. Sinn der Projektplanung ist also, Probleme möglichst frühzeitig auf den Tisch zu bekommen und schnell über den weiteren Projektverlauf zu entscheiden. Als Extremmaßnahme bleibt bei gravierenden Schwierigkeiten der Projektabbruch.

Gezielter Einsatz der benötigten Fachleute

**Effektive Bündelung von fachlichen Ressourcen**
Im Projektteam arbeiten Fachleute zusammen, die alle nötigen Kompetenzen mitbringen, um das Projekt erfolgreich zu beenden. Eine wichtige Rahmenbedingung ist aber, dass die personellen fachlichen Ressourcen, die für das Vorhaben unentbehrlich sind, auch tatsächlich zur Verfügung stehen.
Allerdings sind die Teammitglieder in der Regel nicht ausschließlich für dieses eine Projekt tätig. Die Projektorganisation sorgt für den gezielten Einsatz der beteiligten Personen.

Koordination innerhalb des Projekts

**Qualifizierte Leitung und Moderation**
Fachwissen allein genügt nicht, es muss auch sichergestellt sein, dass die Experten sinnvoll zusammenarbeiten, dass sie Zeitpläne, Zielvorgaben sowie Budgets einhalten und dem Projekt den gebührenden Stellenwert einräumen. Zu diesem Zweck ernennt der Auftraggeber einen Projektleiter. Er ist dem Auftraggeber gegenüber direkt dafür verantwortlich, dass das Projekt erfolgreich verläuft und die gewünschten Ergebnisse bringt.

## Die Projektleitung

Die zentrale Aufgabe des Projektleiters ist es, sicherzustellen, dass das Projekt gelingt. Ihm obliegt die Leitung des Projektteams, er berät sich mit Fachleuten, ist in der Lage, die richtigen Fragen zu stellen, Probleme zu verstehen und Lösungen im Team herbeizuführen. Letztlich muss er die Entscheidungen im Projekt treffen oder in schwierigen Fällen den Auftraggeber informieren.

### Aufgaben des Projektleiters

In den unterschiedlichen Phasen eines Projekts übernimmt der Projektleiter folgende Aufgaben.

**Bei der Planung**

Projektauftrag klären

- Der Projektleiter initiiert die Klärung des Projektauftrags und setzt diesen mit dem Projektteam um.
- Er koordiniert den übergeordneten Projektterminplan.
- Er erstellt gemeinsam mit seinem Team den Projektbudgetplan.

**Bei der Durchführung**

Leitung des Projektteams

- Der Projektleiter moderiert das Projektteam.
- Er legt Ziele und Prioritäten in Kooperation mit dem Projektteam und dem Auftraggeber fest.
- Er koordiniert den Informationsfluss im Projektteam.
- Er arbeitet an der Erstellung der Zwischenberichte mit.
- Er präsentiert die Zwischenberichte beim Auftraggeber.
- Er übt Controlling-Funktionen hinsichtlich der Einhaltung von Terminen, Kosten und Qualität der Leistungen aus.
- Bei Problemen im Projektteam moderiert er und regt die Lösungssuche an, er stößt daraus resultierende Steuerungsmaßnahmen an.
- Er sucht bei Konflikten im Projektteam und mit den Linienvorgesetzten nach Lösungen.
- Er sorgt dafür, dass bei Bedarf das Projektteam umbesetzt beziehungsweise ergänzt wird.

- In Absprache mit dem Projektteam und den Linienvorgesetzten sucht er Projektmitarbeiter.
- Er vertritt das Projektteam beim Auftraggeber.
- Für externe Projektpartner wie Firmen, Kunden, Berater und so weiter tritt er als Ansprechpartner auf.

**Bei der Dokumentation**

Vollständigkeit der Projektdokumentation überprüfen

- Der Projektleiter sammelt alle Unterlagen, die im Projekt erstellt wurden.
- Er kontrolliert deren Vollständigkeit und Richtigkeit.
- Er delegiert die systematische Archivierung.

### Anforderungen an einen Projektleiter

Im Grunde erfüllt der Projektleiter eine Führungsaufgabe in einem speziellen Bezugsrahmen. Daher benötigt er auch alle Schlüsselqualifikationen einer modernen Führungskraft. Dieser Aspekt ist wichtig, wenn es um die Frage geht, wer diese Funktion übernehmen soll. Denn das Anforderungsprofil eines Projektleiters unterscheidet sich von dem eines Projektteammitglieds und ist auf die effiziente Leitung des Gesamtprojekts ausgerichtet.

**Fachkenntnisse**

Fachliches Know-how kommt von den Projektteammitgliedern.

Unstrittig ist, dass die Projektleitung nicht die größte Fachkenntnis haben muss. Das fachliche Potenzial bringen vor allem die Mitglieder des Projektteams ein. Unter Umständen kann es sogar hinderlich sein, die Fachkompetenz beim Projektleiter zu stark zu betonen. Dann besteht die Gefahr, dass diese die Aktivitäten der anderen Projektteammitglieder in den Hintergrund drängt.

**Fachwissen nutzen**

Es ist besser, die gebündelte Expertise im Team für Entscheidungen zu nutzen, als fachliche Fragen im Alleingang zu beantworten. Erfolgreiche Projektleiter verstehen es, das Potenzial ihres Projektteams optimal zu nutzen.

Das Budget muss eingehalten werden.

### Wirtschaftlichkeitsdenken

Der Projektleiter ist dem Auftraggeber gegenüber direkt dafür verantwortlich, dass das Projektbudget eingehalten wird. Das erfordert ein hohes Maß an wirtschaftlichem Denken und Handeln. Letztlich sind es die Projektleiter, die bei Problemen entscheiden müssen, etwa ob Plangrößen einzuhalten, ob Mehrkosten in einem bestimmten Projektteil vertretbar oder unumgänglich und ob Ausgleichsmaßnahmen in anderen Projektteilen möglich sind. In Zweifelsfällen müssen sie zum Auftraggeber gehen und eine Entscheidung einfordern.

Projekte sind in der Regel sehr komplex.

### Organisationsgeschick

Ein Projekt ist in der Regel sehr komplex, denn in ihm arbeiten viele verschiedene Personen mit sehr unterschiedlichem Status an einem gemeinsamen Ziel. Zudem kommt es meist zu Planabweichungen, die geeignete Steuerungsmaßnahmen notwendig machen. Die Projektleitung muss also sowohl grundlegende Planungsfragen als auch Detailfragen beantworten.
So kann es zum Beispiel vorkommen, dass bei Zeitverschiebungen bestimmte personelle Ressourcen zu anderen Terminen benötigt werden als ursprünglich vorgesehen. Der Projektleiter muss dies dann im Team, mit den Linienvorgesetzten und mit den externen Projektpartnern neu organisieren. Dabei kann es durchaus zu Problemen an der Schnittstelle zu den Linienvorgesetzten der jeweiligen Teammitglieder kommen. Der Projektleiter hat dann die Aufgabe, diese Schwierigkeiten zu lösen. Diese und sehr viele andere Situationen erfordern viel Organisationstalent.

Präsentation nach innen und außen

### Präsentationsfertigkeiten

Der Projektleiter vertritt und präsentiert das Projekt – sowohl nach innen wie auch nach außen. Dieses Anforderungsmerkmal hat großes Gewicht.

- Innerhalb des **Projektteams** beginnt dies bereits bei der konstituierenden Besprechung, dann trägt der Projekt-

leiter den Projektauftrag im vorläufigen Projektteam vor. Die Präsentation sollte möglichst attraktiv und überzeugend sein, damit die Projektteammitglieder sich gut mit den Projektzielen identifizieren können.
- Weiter gehört es zu den Aufgaben des Projektleiters, dem **Auftraggeber** regelmäßig Bericht über den Projektstand zu erstatten. Hier geht es häufig darum, Vorschläge zu unterbreiten, wie sich bestimmte Probleme im Projektverlauf lösen lassen. Eine wirksame und überzeugende Präsentation unterstützt den Auftraggeber darin, eine Entscheidung zu treffen.
- Manchmal geben auch **externe Kunden** ein Projekt in Auftrag, zum Beispiel neue Produkte zu entwickeln. Dann ist es für das Projekt lebensnotwendig, dass der Projektleiter Zwischenberichte und Lösungsvorschläge für das Projekt wirksam und überzeugend präsentiert. Eine schwache Präsentation steht nicht automatisch für eine schwache Projektarbeit – sie kann aber den Anschein erwecken, als sei das Projekt nicht in den richtigen Händen.

**Moderationsfähigkeiten**

Leitung von Besprechungen

Der Projektleiter moderiert das Projektteam und seine Besprechungen. Das Postulat einer »professionellen Leitung des Projektteams« macht es erforderlich, dass Besprechungen ebenso effektiv wie motivierend durchgeführt werden. Dazu ist es notwendig, dass der Projektleiter Kommunikations- und Lenkungstechniken beherrscht. Die Funktion des Projektleiters als Moderator besteht weiterhin darin, die gebündelten fachlichen Ressourcen und das kreative Potenzial der Teammitglieder möglichst optimal für die Projektarbeit zu erschließen. Es ist nicht nur erwünscht, sondern es wird dringend empfohlen, eine Vielzahl von Moderationsmethoden anzuwenden, um solche Reserven zu nutzen.

### Verhandlungsgeschick

Verhandlungen führen

Verhandlungsgeschick ist für einen Projektleiter ein hoch gewichtetes Anforderungsmerkmal. Denn für externe Projektpartner, Firmen, Berater und andere Verhandlungspartner ist er der erste Ansprechpartner. Er verhandelt mit ihnen über Kosten, Leistungen, Vorgehensweisen, Termineinhaltung und andere wichtige Fragen. Allerdings ist er dabei abhängig vom Kompetenzrahmen, den ihm der Auftraggeber zugestanden hat.
Aber der Projektleiter führt auch mit internen Gesprächspartnern wie dem Auftraggeber oder anderen Linienvorgesetzten Verhandlungen. Dabei geht es dann um Ressourcen, Termine, Lösungen, Prioritäten und ähnliche Fragen. Immer muss der Projektleiter die Belange des Projekts engagiert und wirkungsvoll vertreten, erfolgreich argumentieren und die Gesprächspartner überzeugen.

### Motivationsfähigkeit und Einfühlungsvermögen

Begeisterung für das Projekt wecken

Nicht alle Mitarbeiter, die für ein Projekt vorgesehen sind, sind von vornherein begeistert, dass sie nun daran mitarbeiten sollen. Vielleicht sind sie ohnehin schon stark belastet oder sie haben andere Vorbehalte dagegen.
Gerade zu Beginn eines Projekts ist es wichtig, dass sich die Projektteammitglieder möglichst stark mit den Projektzielen identifizieren. Denn dies verhindert in vielen Fällen, dass Probleme überhaupt erst entstehen. Die Aufgabe des Projektleiters ist, in den Mitgliedern seines Teams die Begeisterung für die Ziele von Beginn an zu wecken und sie zur Mitarbeit zu motivieren.

Dauerhaft motivieren

Aber auch im weiteren Verlauf der Projektarbeit muss er dafür sorgen, dass das Engagement gleich hoch bleibt. Das gilt vor allem dann, wenn es Rückschläge gibt. Einfühlungsvermögen, also die Sensibilität für versteckte Probleme und Widerstände, sowie die Fähigkeit, zuzuhören, helfen ihm dabei.

Führungsrolle gegenüber Teammitgliedern

**Führungsvermögen**

Projektleiter sind innerhalb des Projekts keine Linienvorgesetzten – dennoch führen sie das Projektteam auf begrenzte Zeit. Wie stark diese Führungsrolle gegenüber den Teammitgliedern ausgeprägt ist, hängt davon ab, ob diese ausschließlich für das Projekt arbeiten oder ob sie aus der Linienorganisation »ausgeliehen« sind.

Im zweiten Fall können Konflikte zwischen Projektleitung und Linienvorgesetzten entstehen, mit denen der Projektleiter sensibel umgehen muss, denn hier hat er Führungsverantwortung nur im Rahmen der Projektarbeit. Dies bezieht sich vorwiegend auf Aspekte der Teamführung und sie ist eindeutig auf die Erreichung der Projektziele ausgerichtet. Bestimmte Rollen, die eine Führungskraft einnimmt, sind daher stärker ausgeprägt, etwa die des Sinnstifters oder des Teamentwicklers. Die Rolle des Personalentwicklers dagegen ist bei der Projektleitung weniger wichtig.

Die Interessen des Projekts auch gegen Widerstände vertreten

**Durchsetzungskraft**

Projektleiter kommen häufig in Situationen, in denen sie um das Projekt insgesamt, um Ressourcen oder um die Durchsetzung von Maßnahmen kämpfen müssen. Eine gute Durchsetzungsfähigkeit spart Zeit und viele Gänge zum Auftraggeber. Im eigenen Team muss der Projektleiter die vorgegebenen Plangrößen durchsetzen. Diese treten oft in Konkurrenz zu anderen Anforderungen an die betreffenden Teammitglieder. Hinsichtlich der Linienvorgesetzten geht es darum, dass diese die Personalressource überhaupt freigeben und der Projektarbeit gegenüber anderen Aufgaben in der Fachabteilung Priorität einräumen.

Auch in Gesprächen mit dem Auftraggeber muss sich der Projektleiter durchsetzen können, um unterstützende Maßnahmen und Entscheidungen zu erreichen.

## Gegen andere Projektleiter durchsetzen

Projektleiter müssen sich übrigens nicht nur gegen alle Personen durchsetzen, die direkt am Projekt beteiligt sind. In vielen Fällen gibt es gleichzeitig noch andere, konkurrierende Projekte im Unternehmen. Deren Vertreter bestehen ebenfalls auf ihren Interessen und Bedürfnissen. Auch hier müssen sich Projektleiter behaupten können.

### Das Projekt im Projektumfeld

Matrixorganisation erfordert zusätzliche Absprachen.

Viele Unternehmen sind als Stab-Linien-Organisationen aufgebaut. Das heißt, ein Mitarbeiter hat einen Vorgesetzten in der Linie. Zusätzlich gibt es Stabsstellen, die in der Regel dem Management zugeordnet sind. Wenn nun zusätzlich eines oder mehrere Projektteams in solchen Organisationen existieren, entsteht eine Matrixorganisation – ein Mitarbeiter erhält Anweisungen nicht mehr nur von einer Person, sondern von mehreren: seinem Linienvorgesetzten und dem Projektleiter. Die Matrixorganisation erfordert zusätzliche Regelungen.

### Das Projekt im Unternehmen

Was ist wichtiger – das Tagesgeschäft oder das Projekt?

Das Konfliktpotenzial zwischen der Projektleitung und den Linienvorgesetzten ist hoch und stellt ein ernst zu nehmendes Risiko dar. Ein Konflikt liegt dann vor, wenn zwei oder mehrere legitime Bedürfnisse sich so gegenüberstehen, dass sie sich gegenseitig beeinträchtigen oder gar ausschließen. Entscheidend für die Regelung solcher Auseinandersetzungen ist, welchen Stellenwert das Projekt im Unternehmen hat. Die Frage lautet: »Was ist aktuell wichtiger – die Tagesarbeit in der Abteilung oder die Arbeit im Projekt?« Die Linienvorgesetzten neigen natürlich dazu, das Tagesgeschäft höher zu bewerten, der Projektleiter setzt die Projektarbeit an die erste Stelle.

Der Auftraggeber legt die Priorität des Projekts fest.

**Welche Priorität hat das Projekt?**
Im Idealfall beantwortet der Auftraggeber schon zu Beginn des Projekts die Frage, wie solche Konflikte zu regeln sind. Dazu legt er fest, welche Kompetenzen der Projektleiter besitzen soll. Es gibt mehrere Varianten:

1) Das Projekt hat eine hohe Priorität. Der Projektleiter hat die Aufgabe, Kompromisse mit den Linienvorgesetzten zu erreichen. Gelingt dies nicht, setzt er seine Position durch. Dafür hat er vom Auftraggeber die Entscheidungsbefugnis gegenüber dem Linienvorgesetzten erhalten und macht diese im Konfliktfall geltend. Alternativ ist denkbar, dass der Projektleiter den Auftraggeber informieren und um seine Intervention bitten muss.
2) Das Projekt hat mittlere Priorität. Die Projektleitung soll Kompromisse aushandeln. Wenn das nicht möglich ist, entscheidet der Auftraggeber im Einzelfall, wie der Konflikt gelöst wird.
3) Das Projekt hat eine niedrige Priorität. Die Projektleitung soll Kompromisslösungen aushandeln. Scheitern diese Verhandlungen, setzen die Linienvorgesetzten ihre Position durch.

Zu klärende Fragen zu den Kompetenzen der Projektleitung

**Klärung der Kompetenzen der Projektleitung**
Für den Projektleiter ist also entscheidend, welche Kompetenzen er vom Auftraggeber erhält. Dabei geht es um folgende Fragen:

- Kann der Projektleiter mit den Linienvorgesetzten eigenständig verhandeln? Wer setzt sich durch, wenn beide keine Einigung erzielen können?
- Darf er im Rahmen des Budgets frei über die Mittel verfügen, diese zum Beispiel zwischen den Projektteilen verschieben?
- Ist er befugt, Verträge mit externen Projektpartnern einzugehen?
- Darf er Arbeiten nach außen vergeben, wenn die eigenen personellen Ressourcen nicht ausreichen und die finanziellen Ressourcen vorhanden sind?

- Erhält er in einer Krisensituation innerhalb kürzester Zeit einen Termin beim Auftraggeber?
- Kann er auf zusätzliche personelle und fachliche Ressourcen zugreifen, wenn dies erforderlich erscheint – und wenn ja, in welchem Rahmen darf er das?

**Auswirkungen der Kompetenzen auf den Projektablauf**

Die Kompetenz des Projektleiters ist für den Ablauf des Projekts entscheidend.

Hohe Kompetenz bedeutet ein hohes Maß an Handlungsfreiheit und Durchsetzungsfähigkeit. Das Projekt wird wahrscheinlich viel reibungsloser und mit weniger Verzögerungen ablaufen. Es wird seltener notwendig sein, Pläne zu revidieren, da der Projektleiter die Befugnis hat, schnell und direkt Steuerungsmaßnahmen anzuwenden. Hohe Kompetenz bedeutet auch, dass er große Verantwortung für den Erfolg des Projekts trägt.
Niedrige Kompetenz heißt zum einen, dass der Projektleiter weniger Verantwortung für das Erreichen der Projektziele trägt, und zum anderen, dass er oft Entscheidungen vom Auftraggeber einholen muss. Je enger der Kompetenzrahmen der Projektleitung ist, umso häufiger wird sich also der Auftraggeber mit Fragen des Projekts auseinandersetzen müssen.

**Konfliktvermeidung durch rechtzeitige Information**

Alle Beteiligten rechtzeitig informieren

Die Projektorganisation bietet allerdings auch Chancen, um Konflikte mit Linienvorgesetzten zu vermeiden oder doch zumindest zu minimieren. Die vorausschauende Planung ermöglicht es, alle Betroffenen im Projektumfeld frühzeitig zu informieren. So kann die Projektleitung schon Wochen oder gar Monate im Voraus sagen, welche Mitarbeiter mit welchen Zeitressourcen in bestimmten Zeiträumen im Projekt benötigt werden. Die Linienvorgesetzten haben dadurch die Möglichkeit, sich auf diese Belastungssituation einzustellen und entsprechende Maßnahmen zu ergreifen, also beispielsweise Arbeiten vorzuziehen, eine Urlaubssperre zu verhängen, Personal aufzustocken, Terminzusagen für Dritte nach den Projektplänen auszurichten und so weiter.

Damit die Konfliktprävention auch gelingt, ist natürlich ein guter Informationsfluss vonnöten. Es ist eine wichtige Aufgabe des Projektleiters, das Projekt an den Schnittstellen zu steuern und vorausschauend die künftig benötigten Ressourcen sicherzustellen.

## Das Projektteam

Ganz zu Beginn eines Projekts tritt erst einmal nur ein vorläufiges Projektteam zusammen. Umfang und Art der anfallenden Aufgaben sind noch unklar und nicht zu überschauen. Erst wenn Projektauftrag und Feinplanung endgültig feststehen, kann das endgültige Team zusammengestellt werden.

### Aufgaben der Projektteammitglieder

Verantwortung für den eigenen Arbeitsbereich

Am wichtigsten ist natürlich, dass das Projektteammitglied seinen eigenen Arbeitsbereich innerhalb des Projekts voranbringt. Daneben gibt es aber eine Reihe von Aufgaben, die innerhalb des Projektteams anfallen und die jedes Mitglied mitzutragen hat. Die Tätigkeiten der Projektleitung und der Projektteammitglieder überschneiden sich teilweise, weil vieles in enger Kooperation zu erledigen ist.

**Bei der Planung**

Mitarbeit von Anfang an

- Das Projektteam arbeitet daran mit, den Projektauftrag zu klären und das Grobkonzept zur Präsentation beim Auftraggeber zu erstellen.
- Es formuliert eine Liste mit Fragen und Empfehlungen, die dem Auftraggeber zur Entscheidung vorgelegt wird.
- Es konkretisiert Projektziele und leitet daraus Teilziele ab.
- Es erstellt den Projektstrukturplan mit allen Arbeitspaketen und weist den Arbeitspaketen die benötigten Ressourcen zu.
- Es entwickelt den Projektbudgetplan.
- Es erarbeitet den übergeordneten Projektzeitplan.

- Es entwirft den Meilensteinplan mit Leistungen, Terminen und Kosten.
- Es erstellt den Organisationsplan mit den Schwerpunkten der Zuständigkeit der einzelnen Projektteammitglieder.

**Bei der Durchführung**

Zusammenarbeit im Team regeln

- Im Projektteam werden die Regeln zur Zusammenarbeit erarbeitet und vereinbart. Die Teammitglieder übernehmen Verantwortung dafür, dass die Regeln auch eingehalten werden.
- Die Teammitglieder behalten wichtige Rahmenbedingungen im Auge, beachten Veränderungen und analysieren deren Folgen für das Projekt.
- Im Team findet die Zuweisung der Projektteile und der vorläufig definierten Arbeitspakete zu den einzelnen Projektteammitgliedern statt.

Gemeinsame Lösungssuche

- Das Projektteam koordiniert die fachlichen Kompetenzen untereinander. Alle Projektteile unterstützen sich gegenseitig bei Problemen. Eventuell tragen die Teammitglieder durch kompensatorische Maßnahmen im eigenen Projektteil zu einer Lösung bei.
- Entscheidungen, die das Gesamtprojekt betreffen, werden im Projektteam vorbereitet und der Projektleitung zur Entscheidung vorgelegt.
- Die Projektteammitglieder sammeln und systematisieren Informationen vor den Meilensteinterminen und den Terminen der Zwischenberichte. Sie tragen dazu bei, dass die Zwischenberichte erstellt werden können, und liefern rechtzeitig die benötigten Informationen aus den eigenen Arbeitspaketen.
- Sie nehmen Projektinformationen entgegen und verarbeiten sie. Fünf-Minuten-Berichte aus den Projektteilen hören sie an.

Berichte über die eigenen Projektfortschritte liefern

- Sie berichten über den Verlauf der Arbeiten aus den eigenen, aktuell laufenden Arbeitspaketen. Dazu liefern sie selbst Fünf-Minuten-Berichte in den Besprechungen des Projektteams.

- Sie tragen Probleme, die nicht im eigenen Arbeitspaket zu lösen sind, zügig ins Projektteam.
- Wenn es notwendig wird, Projektpläne zu modifizieren, signalisieren die Teammitglieder dies frühzeitig. In diesen Fällen wirken sie daran mit, die Projektpläne zu verändern. Sie schlagen Steuerungsmaßnahmen vor und setzen sie in den eigenen Projektteilen um.
- Sie bearbeiten Aufträge aus den Besprechungen des Projektteams.
- Sie führen Gespräche mit Fachabteilungen und externen Projektpartnern und sind deren Ansprechpartner für Fragen der Auftragserledigung. Sie kontrollieren die Fremdleistungen.
- Sie vergeben Aufträge und bereiten Verträge, Bestellungen und so weiter vor.
- Sie sorgen für eine angemessene Stellvertretung, wenn sie selbst nicht an einer Besprechung des Projektteams teilnehmen können.

**In den Projektteilen und bei der Dokumentation**

Die eigenen Arbeitspakete vorantreiben

- Die einzelnen Projektteammitglieder formulieren die Arbeitspakete im eigenen Projektteil mit allen geforderten Angaben.
- Sie entwickeln zusammen mit Projektmitarbeitern, die nicht Teil des Projektteams sind, Detailterminpläne im Rahmen des übergeordneten Projektterminplans.
- Sie bringen die Arbeiten in den eigenen Arbeitspaketen voran, gegebenenfalls gemeinsam mit den weiteren Projektmitarbeitern.
- Sie kontrollieren die Termine und Kosten der Arbeiten in den eigenen Arbeitspaketen.
- Sie lösen Probleme, die in den eigenen Arbeitspaketen auftreten, wenn dies innerhalb des vorgegebenen Planungsrahmens, also hinsichtlich der Termin- und Budgetvorgaben, möglich ist.
- Sie stellen Informationen zum Bearbeitungsstand der eigenen Arbeitspakete für die Zwischenberichte beim Auftraggeber termingerecht zusammen.

- Sie sichern für sich selbst und die weiteren Projektmitarbeiter beim Linienvorgesetzten die nötigen Freiräume, sofern der Projektleiter diese Aufgabe delegiert hat.
- Sie erhalten die Motivation in ihrem Projektteil, indem sie den Verlauf des Projekts transparent machen. Die Bedeutung der eigenen Arbeit für das Gelingen des Gesamtprojekts ist ihnen klar, sie liefern positives Feedback gegenüber der Arbeit, die im eigenen Projektteil geleistet wurde.
- Sie sammeln die Projektunterlagen, die im Projektteil entstanden sind, und kontrollieren diese auf Vollständigkeit und Richtigkeit.
- Sie archivieren die Dokumente systematisch.

### Anforderungen an die Projektteammitglieder

Organisatorische Einheit neben der Stab-Linien-Organisation

Das Projektteam besteht in der Regel aus Mitarbeitern, die verschiedenen Fachabteilungen der eigenen Organisation angehören. Sie sind für das Projekt ganz oder teilweise von anderen Verpflichtungen freigestellt und bilden eine organisatorische Einheit innerhalb und neben der Stab-Linien-Organisation. Sie verfolgen gemeinsame Projektziele und identifizieren sich mit ihrem Auftrag. Je besser dies gelingt, umso besser läuft das Projekt.

### Auswahl nach Fachwissen und Verfügbarkeit

Fachlich geeignete Projektmitarbeiter wählen

Der Projektleiter stellt das Projektteam entweder allein oder in Absprache mit dem Auftraggeber zusammen. Die Auswahl der Projektteammitglieder erfolgt vorwiegend nach fachlicher Eignung. Die Erfolgschancen des Projekts hängen unmittelbar davon ab, ob alle Fachkompetenz, die benötigt wird, auch vertreten ist. Je besser dies gelingt, umso zügiger und vollständiger wird das Projekt umgesetzt werden.

Ein zweites Auswahlkriterium ist, ob der einzelne Mitarbeiter außerhalb des Projekts bereits belastet ist. Wenn die Projektleitung häufig die Erledigung von Arbeiten anmahnen muss, lassen sich Konflikte kaum vermeiden.

Allerdings gehören oft auch Mitarbeiter einem Projektteam an, die in diesem Rahmen in ihrer beruflichen Laufbahn vorangebracht werden sollen. Dann müssen die Verantwortlichen aber von vornherein einplanen, dass solche Personalentwicklungsmaßnahmen gewisse Beratungs- und Entwicklungsleistungen für diese Teammitglieder mit sich bringen. In den betreffenden Projektteilen dürfen die Zeitpläne also nicht allzu knapp kalkuliert sein.

**Projektteammitglieder ohne Fachwissen?**

Projektteammitglieder in das Projektteam zu berufen, die fachlich nichts oder nur sehr wenig beizutragen haben, ist zweifelhaft und belastet das Projekt eher als es zu unterstützen.

### EDV-Unterstützung sicherstellen

EDV-Unterstützung erleichtert die Planung.

Ein Teammitglied sollte für die EDV-Unterstützung des Projekts zuständig sein. EDV-Unterstützung bedeutet, dass alle Planungsinstrumente mit einer Planungssoftware erstellt werden. Das Instrument ist flexibel und ohne großen Aufwand modifizierbar und aktualisierbar. Im Projektverlauf wird es immer wieder notwendig sein, Termine zu verschieben oder Zeiträume zu verkürzen. Solche Änderungen lassen sich sehr viel einfacher mit einem Planungsprogramm als mit der Hand erfassen.

**Projektteam für ein Produktentwicklungsprojekt**
PL = Projektleiter
TM1 = aus der Fachabteilung Forschung und Entwicklung
TM2 = aus der Konstruktion
TM3 = aus dem Vertrieb
TM4 = aus der Qualitätssicherung
TM5 = aus dem Einkauf
TM6 = vom Controlling
TM7 = aus der Fertigung
TM8 = EDV-Unterstützung des Projekts
(TM steht für Teammitglied)

Weitere Fertigkeiten

## Weitergehende Fähigkeiten

Weitere Fähigkeiten sind bei den Projektteammitgliedern zwar durchaus wünschenswert, müssen bei ihnen aber weniger stark ausgeprägt sein als beim Projektleiter.

- **Wirtschaftlichkeitsdenken:** Die Projektteammitglieder sind in erster Linie mit ihrem Projektteil befasst und müssen hier die Kosten im Griff behalten. Wenn diese die Planungsgröße übersteigen, sprechen sie das Problem im Projektteam an. Die Entscheidung, wie weiter vorzugehen ist, trifft dann der Projektleiter.
- **Organisationsgeschick:** In einem funktionierenden Projektteam übernehmen die Teammitglieder einen gewissen Teil der Organisation, insbesondere dann, wenn Steuerungsmaßnahmen notwendig sind. Schließlich sind die Projektteammitglieder für Probleme, die in ihren eigenen Arbeitspaketen anfallen und sich dort auch lösen lassen, verantwortlich. Voraussetzung ist, dass die entsprechende Steuerungsmaßnahme keine Auswirkungen auf andere Arbeitspakete hat. Anderenfalls muss der Projektleiter entscheiden.

Regelmäßige Kurzberichte

- **Präsentationsfertigkeiten:** Diese sind auch auf der Seite des Teams wünschenswert, allerdings mit einem geringeren Gewicht als beim Projektleiter. Die Projektteammitglieder geben regelmäßig Kurzberichte, zu welchem Grad die Aufgaben in ihrem Projektteil erledigt sind. Durch eine attraktive, vor allem aber präzise und straffe Präsentation im Projektteam unterstützen sie dessen Arbeit.
- **Moderationsfähigkeiten:** Projektteammitglieder betreuen meist eigene Arbeitspakete und arbeiten dabei mit Personen zusammen, die dem Projektteam nicht angehören. Daneben betreuen und moderieren sie möglicherweise kleine Arbeitsgruppen, die die konkreten Tätigkeiten erledigen.
- **Verhandlungsgeschick:** Diese Fähigkeit spielt bei Projektteammitgliedern nur eine begrenzte Rolle. Wichtige Verhandlungen führt in der Regel der Projektleiter.

- **Motivationsfähigkeit und Einfühlungsvermögen:** Diese Kompetenzen sind für die einzelnen Projektteammitglieder fast ebenso wichtig wie für den Projektleiter. Immerhin betreuen sie weitere Mitarbeiter. Da die Arbeitspakete vorgegeben sind und strikten Kriterien genügen müssen, ist eine gute Motivation bei allen Beteiligten hilfreich. Gleiches gilt für das Einfühlungsvermögen. Auch in den Arbeitsgruppen gilt es, Widerstände wahrzunehmen und auszuräumen. Dies ist Aufgabe der verantwortlichen Projektteammitglieder.

Leitung eigener Arbeitsgruppen

- **Führungsvermögen:** Auch wenn Projektteammitglieder einzelne Arbeitsgruppen leiten, übernehmen sie keine Führungsverantwortung. Diese Fähigkeit hat daher einen geringeren Stellenwert.
- **Durchsetzungskraft:** In den Teamsitzungen müssen die Projektteammitglieder ihre eigenen Lösungsvorschläge durchsetzen können. Durchsetzungsfähigkeit ist auch gegenüber den Mitarbeitern im eigenen Projektteil notwendig, um die Planungen einzuhalten.

### Zeitweilige Mitglieder im Projektteam

In kritischen Phasen von Großprojekten kann externe Beratung sinnvoll sein.

Neben den ständigen Mitgliedern des Projektteams können auch zeitweilige Mitglieder am Projekt mitarbeiten. Das können Personen aus der eigenen Organisation sein, die in einer bestimmten Projektphase das Projektteam fachlich unterstützen. Darunter fallen aber auch externe Projektpartner, die aktuell umfangreiche Arbeiten umsetzen. Zudem kann das Projektteam in schwierigen Projektphasen Berater von außen um Unterstützung bitten.

**Anforderungsmerkmale im Projekt**

## Der Auftraggeber

Der Auftraggeber trägt zum Gelingen des Projekts bei.

Nicht nur der Projektleiter und die Projektteammitglieder tragen zum Erfolg des Vorhabens bei. Auch der Auftraggeber kann viel dafür tun, dass das Projekt gelingt. Er bestimmt die Strategie, koordiniert das laufende Projekt mit anderen Projekten im Haus und mit sonstigen

Arbeitsschwerpunkten in der Stab-Linien-Organisation. Da der Auftraggeber das Projektbudget und den Projektzeitplan genehmigt, hat er die wichtigsten Einflussmöglichkeiten in seiner Hand.

Eine gute Unterstützung erleichtert die Arbeit im Projekt erheblich.

**Aufgaben des Auftraggebers**

Der Projektauftraggeber kann seine Projekte durch eine Reihe von Maßnahmen und Entscheidungen wirksam unterstützen.

- Der Auftraggeber bestimmt frühzeitig, wer die Projektleitung übernimmt, und bezieht diese Person ein, wenn die Projektziele festgelegt werden.
- Er stellt kompetente Projektmitarbeiter zur Verfügung, die aufgrund fachlicher Eignung wichtige Beiträge zum Projekt erbringen können; der Projektleiter sollte bei der Zusammenstellung des Projektteams zumindest mitsprechen dürfen.
- Er entscheidet in den Besprechungen der Zwischenberichte über die nächsten Projektphasen und gibt diese gegebenenfalls frei. Darüber hinaus steht er für Sonderberichte, die möglicherweise nötig werden, zur Verfügung.
- Er legt das weitere Vorgehen auf strategischer Ebene sowie die künftigen Prioritäten neu fest.
- Bei Konflikten zwischen der Projektleitung und den Vorgesetzten in der Linienorganisation greift er ein, sofern dies nötig ist. Alternativ stattet er den Projektleiter mit der Kompetenz aus, solche Fragen auch gegen die Linienvorgesetzten entscheiden zu können. Das heißt, er räumt dem Projekt eine hohe Priorität gegenüber den Alltagsaufgaben ein.
- Er trägt zur Lösung komplexer Schwierigkeiten bei und trifft schnelle Entscheidungen, wenn diese den Kompetenzbereich des Projektleiters überschreiten.
- Er zieht umgehend Konsequenzen aus den Erkenntnissen des Projektteams hinsichtlich Terminen, Budget und so weiter.

Entscheidungen, die nur der Auftraggeber treffen kann

### Entscheidungen des Auftraggebers

Aus der Liste ist schon ersichtlich: Der Auftraggeber hat vor allem die Aufgabe, Entscheidungen zu treffen, die für den Fortgang des Projekts wichtig sind. Der Projektleiter stellt dafür in Zwischenberichten oder gegebenenfalls einem Sonderbericht den Stand des Projekts vor und fordert anstehende Entscheidungen ein. Je weniger der Projektleiter selbst entscheiden darf, je enger also dessen Kompetenzrahmen gesteckt ist, desto häufiger wird der Auftraggeber mit Anfragen aus dem Projektteam konfrontiert werden. Es gibt aber auch Entscheidungen, die in der Regel nur der Auftraggeber fällen kann. Dazu gehören zentrale Punkte wie beispielsweise:

- Verringerung der Qualitätsstandards, etwa bei Produkten, die erstellt werden
- Begrenzung der Aufträge, die das Projektteam an Fremdfirmen vergeben darf, und Einplanung eigener personeller Ressourcen, wenn sich die Projektlaufzeit verlängert
- Veränderung der Projektziele
- Ausweitung des Projektbudgets
- Beendigung des Projekts

Bei manchen Projekten gibt es sowohl einen internen als auch einen externen Auftraggeber, also einen Kunden. Dann muss eindeutig geregelt sein, wer an welchen Entscheidungen zu beteiligen ist und in welcher personellen Konstellation die Klärung erfolgen muss.

## Die Projektphasen

Nicht jedes Projekt durchläuft alle Phasen.

Jedes Projekt verläuft anders, das liegt schon in der Natur dieser Arbeitsform. Dennoch ist es möglich, einen idealtypischen Verlauf der verschiedenen Phasen zu beschreiben. Dabei ist nicht gesagt, dass das Projekt alle Phasen durchläuft, manche Projekte enden bereits früher, weil der Projektauftrag nicht weiter reicht.

Definitions- und Konzeptphase sind von zentraler Bedeutung.

Zwei wichtige Ausnahmen gibt es allerdings: Die Definitionsphase, auch Informationsphase genannt, und die folgende Konzeptphase sollten immer mit großer Sorgfalt erarbeitet werden. Die Zeit, die die Verantwortlichen an dieser Stelle investieren, zahlt sich im weiteren Projektverlauf schnell wieder aus. Je präziser hier gearbeitet wird, umso weniger Folgeprobleme kommen auf das Projektteam zu. Wie es nach den beiden ersten Projektphasen weitergeht, hängt vom Gegenstand des Projekts und von den Projektzielen ab. So kann es zum Beispiel darum gehen, ein umfangreiches Konzept mit allen Einflussfaktoren zu erstellen, ohne dass dieses im Anschluss auch realisiert wird. Das Projektende ist in diesem Fall mit der Herstellung eines Prototyps erreicht.

**Projekt auf dem Prüfstand**

Nach jeder Projektphase prüft der Auftraggeber, ob der erreichte Zwischenstand es zulässt, das Projekt weiterzuführen, ob das Projektteam bestimmte Ergebnisse nachbessern muss, bevor das Projekt fortgesetzt wird, oder ob er das Projekt vorzeitig beendet.

## Die Definitions- oder Informationsphase

Welche Ergebnisse strebt der Auftraggeber an?

Wie entstehen Projekte? Zunächst einmal ist da die Projektidee des Auftraggebers. Er entwickelt eine Vorstellung davon, welche Ergebnisse er erreichen will. Diese ersten Überlegungen sind oft diffus und werden auf Auftraggeberseite noch diskutiert, aber irgendwann reift der Beschluss, ein entsprechendes Projekt durchzuführen.

### Projektleiter und vorläufiges Projektteam benennen

Projektleiter in die Diskussion einbeziehen

Für einen reibungslosen Projektstart ist es sinnvoll, den vorgesehenen Projektleiter möglichst frühzeitig in die Diskussion über die verschiedenen Ideen einzubeziehen. Als Ergebnis der Diskussionen formuliert der Auftraggeber

den Projektauftrag. Diese frühe Fassung beschreibt in der Regel eher allgemein und noch nicht differenziert die Ziele und Rahmenbedingungen des Projekts.
Zudem stellt der Auftraggeber – möglichst gemeinsam mit dem Projektleiter – das vorläufige Projektteam zusammen. Weil die genaue Ausgestaltung des Projekts zu diesem frühen Zeitpunkt noch nicht feststeht, ist auch noch nicht klar, welche Fachleute in welchem Umfang zur Verfügung stehen müssen. Daher ist es durchaus möglich, dass Auftraggeber und Projektleiter später einzelne Personen noch austauschen beziehungsweise weitere Mitarbeiter hinzuziehen. Dies findet aber erst nach der Konzeptphase statt, wenn die Planung steht.

### Projektauftrag im Team diskutieren

Das Projektteam erarbeitet einen Fragen- und Vorschlagskatalog.

Der Projektleiter stellt in den ersten Beratungen des Projektteams den Projektauftrag vor und erläutert ihn. Daraufhin hat das Team die Aufgabe, erste differenziertere Vorstellungen zur Projektaufgabe und zum Projektverlauf zu entwickeln. Während dieser Arbeit in der Definitionsphase entsteht eine Liste mit Fragen, die der Auftraggeber zur Entscheidung erhält. Gleichzeitig unterbreitet das Projektteam dem Auftraggeber Vorschläge und Empfehlungen zum möglichen Projektverlauf.

### Projektauftrag konkretisieren

Der Projektauftrag wird konkret.

Der Auftraggeber erhält mit dieser Liste also konkrete Anforderungen und Empfehlungen, wie sich das Projekt realisieren lässt. Er kann diesen Empfehlungen zustimmen, sie modifizieren oder aber seine Vorstellungen durchsetzen. In jedem Fall konkretisiert sich nun der Projektauftrag. Differenzierte Projektziele ersetzen das allgemeine Ziel, und die Vorgaben zu Leistungen, Kosten und Terminen entstehen. Der Auftraggeber legt fest, welche Aufgaben das Projektteam erledigen soll, ebenso, welche Kompetenzen der Projektleiter haben soll. Er definiert die Rahmenbedingungen, bestimmt zum Beispiel, in welchen Zeitabständen das Projektteam die Zwischenberichte liefern muss und welchen Stellenwert das Projekt im Vergleich zu anderen Aufgaben im Unternehmen besitzt. Den Abschluss der Definitions- und Informationsphase bildet der **Planungsbeschluss.** Der Auftraggeber stimmt den präzisierten Formulierungen des Projektauftrags zu, damit startet die nächste Projektphase.

### Die Konzeptphase

In der Konzeptphase steigt das Projektteam in die konkrete Planung des Projekts ein. Als Ergebnis liefert es dem Auftraggeber differenzierte Entwürfe, wie weiter vorgegangen werden soll. Der Aufwand steigt nun, dafür besteht aber keine Gefahr mehr, in die falsche Richtung zu planen.

Basis der Überlegungen ist der Planungsbeschluss.

In der Konzeptphase fällt die Entscheidung für ein konkretes Umsetzungskonzept. Die Beteiligten verfeinern die Angaben im Planungsbeschluss. Im Einzelnen geht es um die Kompetenzen und Befugnisse der Projektleitung sowie die der einzelnen Projektteammitglieder. Unter Umständen modifiziert das Projektteam einige der Ziele und den Aufgabenkatalog.

### Projektinstrumente entwickeln

Projektinstrumente werden erarbeitet.

Das Projektteam plant die einzelnen Projektteile und die Arbeitspakete. In der Konzeptphase entstehen vor allem die folgenden Projektinstrumente:

- **Projektstrukturplan:** Er bildet mit den Arbeitspaketen die Basis für alle weiteren Planungsinstrumente.
- **Projektzeitplan:** Dabei entstehen bei kleineren und mittleren Projekten in der Regel ein Balkenplan und bei Großprojekten ein Netzplan.
- **Meilensteinplan:** Er gibt die Controlling-Zeitpunkte vor und nennt die Sollwerte bei Aufgaben und Kosten.
- **Projektbudgetplan:** In ihm listet das Projektteam alle anfallenden Personal-, Sach- und Auftragskosten auf. Letztere entstehen, wenn externe Firmen Aufträge im Projekt übernehmen.
- **Projektorganisationsplan:** Er weist den Projektteammitgliedern die jeweiligen Arbeitspakete zu.

Zusammenarbeit organisieren

## Spielregeln festlegen

Spätestens in der Konzeptphase sollte das Projektteam die Spielregeln für die Zusammenarbeit und für die Behandlung vorhersehbarer Probleme entwickeln. Diese Regeln sollen klären, wie mit bestimmten Schnittstellenproblemen umzugehen ist, zum Beispiel mit Zeitproblemen, wenn der Linienvorgesetzte Forderungen stellt, mit Abweichungen vom Zeitplan oder mit einer verzögerten Auftragsabwicklung durch Abteilungen, auf deren Ergebnisse das Projektteam angewiesen ist.

Kennzahlen und Berichtszeiträume definieren

## Überwachung des Projekts sicherstellen

In der Konzeptphase legen die Verantwortlichen fest, wie und in welchen Abständen das Projekt kontrolliert und überwacht wird.
Das Projektteam definiert dafür die entsprechenden Kennzahlen. Das können etwa Qualitätskriterien, Etappenziele oder die Höhe der Ausgaben zu fixen Terminen sein. Es ist sinnvoll, diese Kennzahlen für jedes Projekt individuell auszuwählen. Auch die Zeiträume, in denen die Zwischenberichte abzuliefern sind, werden geplant. Über die Zwischenberichte erhält der Auftraggeber die Informationen zum aktuellen Stand des Projekts und zu weiteren Entwicklungen.

Erster Zwischenbericht an den Auftraggeber

## Freigabe des Auftraggebers einholen

Zum Abschluss der Konzeptphase erfolgt ein erster detaillierter Zwischenbericht an den Auftraggeber. Er modifiziert oder akzeptiert die konkreten Projektplanungen oder gibt sie zur Überarbeitung ins Projektteam zurück.
Der Auftraggeber trifft den **Entwicklungsbeschluss.** Erst mit seinem Einverständnis beginnt die Entwicklungsphase, in der die Umsetzung der Projektziele beginnt.

## Die Entwicklungsphase

Mit der Konzeptphase ist die Grobplanung abgeschlossen, die Mitglieder des Projektteams sind benannt, ebenso Mitarbeiter, die nur zeitweilig am Projekt beteiligt sind, und externe Projektpartner. In der Entwicklungsphase entwickeln die Projektteammitglieder nun die Detailpläne.

## Projektziele umsetzen

Projektgegenstände rücken in den Mittelpunkt.

Zu diesem Zeitpunkt erfolgt also die konkrete Planung der Projektgegenstände. Die Projektteammitglieder berechnen die Kosten und bauen Prototypen oder Modelle. Damit fallen auch die ersten relevanten Kosten an.

**Entwicklungsphase**
Eine Bank will ihre Schalterhalle umbauen. Sie soll kundenfreundlicher sein und eine effektivere Bearbeitung der Kundenwünsche unterstützen.
In der Entwicklungsphase führt das Projektteam »Schalterhalle« Kundenbefragungen durch, besucht Referenzobjekte, erstellt Baupläne, fertigt Modelle an und erarbeitet eine Übergangslösung für die Zeit des Umbaus.

Wenn das Projektteam externe Firmen mit Projektteilen beauftragt, schreibt es in der Entwicklungsphase die entsprechenden Aufträge aus, sichtet Angebote und führt Verhandlungen. Auch Planungsbüros werden jetzt eventuell beauftragt.

## Zielerreichung erstmals überprüfen

Ist das Projekt zu vertretbaren Kosten realisierbar?

Schon in der Entwicklungsphase können die ersten relevanten Probleme im Projekt auftreten, etwa beim Projektbudget. Wenn sich herausstellt, dass die ersten Annahmen über die Höhe der Budgets zu optimistisch waren, muss das Projektteam die ersten Steuerungsmaßnahmen ergreifen. Oft zeigen die konkreten Planungen auch, dass sich die Vorgaben des Auftraggebers nicht einhalten lassen. Das kann verschiedene Gründe haben. Es kann sein, dass die Projektziele sachlich nicht erreichbar sind, die Kosten den akzeptablen Rahmen sprengen oder die Rahmenbedingungen sich so verändert haben, dass das Projekt nicht länger sinnvoll ist.

Es gibt auch Projekte, deren Auftrag von vornherein nur darin bestand, die Pläne fertigzustellen. Sie enden, sobald ein Prototyp vorliegt.

### Auftraggeber informieren

Exakte Planungen vorstellen

Am Ende der Entwicklungsphase liefert der Projektleiter wieder einen Zwischenbericht ab, der alle Planungen vorstellt. Bei manchen Projekten, etwa wenn sie mit hohen Investitionskosten verbunden sind, erfolgt die Bewertung mithilfe eines Punktesystems.
In der Regel stimmt der Auftraggeber den – unter Umständen modifizierten – Planungen zu und erteilt dem Projektteam die Genehmigung, mit der nächsten Projektphase zu beginnen. Dies ist der **Realisierungsbeschluss.**

## Die Realisierungsphase

Umsetzung in die Praxis

In der Realisierungsphase finden alle Aktivitäten statt, die notwendig sind, um das Projektziel in der Realität tatsächlich umzusetzen. Hier geht es also um ganz konkrete Maßnahmen.
Je nach Projektgegenstand erfolgt der Ein- oder Umbau im Gebäude, wird die Software implementiert und die Belegschaft im Unternehmen dafür geschult. Vor allem werden zu diesem Zeitpunkt die externen Firmen aktiv, die die entsprechenden Aufträge erhalten haben. Das Projektteam kontrolliert, ob diese alle Arbeiten in der geplanten Qualität durchführen und dabei Zeit- und Kostenpläne einhalten.

**Realisierungsphase**
In der Bank setzt das Projektteam »Schalterhalle« die Pläne zur Umgestaltung der Schalterhalle um. Verschiedene Fremdfirmen erneuern die Inneneinrichtung, verbessern die Infrastruktur (Telefonnetz, EDV, Informationssysteme) und bauen Serviceeinrichtungen (Monitore mit aktuellen Informationen, Terminals für die Kunden, Wartezonen und so weiter) auf. Die jeweils zuständigen Projektteammitglieder überprüfen vor Ort den Fortschritt und die Qualität der Arbeiten und gleichen die Ergebnisse mit den Planungen ab.

Sobald alle Maßnahmen umgesetzt sind, erhält der Auftraggeber erneut einen Zwischenbericht. Anhand festgelegter Kriterien überprüft er, ob alle Vorgaben eingehalten wurden. Gegebenenfalls fordert er die Beteiligten auf, einzelne Punkte nachzubessern.

Liegen alle Nachweise vor?

Den **Nutzungsbeschluss** erteilt der Auftraggeber erst, wenn ihm alle erforderlichen Nachweise zur Betriebssicherheit vorliegen und auch sonst alle anderen Kriterien zu seiner Zufriedenheit erfüllt sind. Mit ihm gibt er den Projektgegenstand zur Nutzung frei.

## Projektziel erreicht?

In vielen Projekten ist das Projektziel damit erreicht. In anderen Projekten enthält der Projektauftrag die Kontrolle im Realbetrieb und die Optimierung des Erreichten.

### Die Nutzungsphase

Einsatz unter Realbedingungen

In der Nutzungsphase setzt das Unternehmen den Projektgegenstand unter Realbedingungen ein. Dabei kontrollieren die Verantwortlichen über eine festgelegte Zeitspanne, ob er den Zielvorgaben und den Anforderungen auch in der Wirklichkeit entspricht. Falls Schwierigkeiten, Mängel oder Fehler auftreten, werden diese beseitigt.

**Nutzungsphase**
Das Projektteam »Schalterhalle« kontrolliert anhand objektiver Kriterien, ob die neue Schalterhalle die Erwartungen im Alltag erfüllt. Dafür erhebt es Daten über die Effizienz der Arbeitsprozesse, die mit dem Umbau der Schalterhalle verbessert werden sollten. Zudem befragt es Kunden nach ihrer Zufriedenheit.

Projekterfahrungen für zukünftige Vorhaben sichern

### Die Projektdokumentation

Die Projektdokumentation läuft während des gesamten Projekts und wird am Ende abgeschlossen. Dann archivieren die Verantwortlichen alle Dokumente, die im Projektverlauf entstanden sind. Dazu gehören zum Beispiel:

- Planungsinstrumente
- Zwischenberichte
- Protokolle der Besprechungen des Projektteams
- Ergebnisprotokolle aus Gesprächen
- Verträge
- Baupläne, Skizzen
- Verzeichnis der Sondermaßnahmen und so weiter

An dieser Stelle erledigen die Projektteammitglieder die Abschlussarbeiten, sichern die Projekterfahrungen für zukünftige Projekte und bereiten sie in geeigneter Form auf.

## Instrumente der Projektorganisation

Es gibt zahlreiche Hilfsmittel, die dem Projektteam für die Planung und Durchführung eines Projekts zur Verfügung stehen.

Alle Informationen auf einen Blick

### Der Projektauftrag

Im Idealfall enthält der Projektauftrag alle Informationen, die das Projektteam benötigt, um das Projekt zügig umzusetzen. Die erste Fassung, die der Auftraggeber erstellt, kann dies noch nicht leisten. Denn erst das vorläufige Projektteam beschäftigt sich genauer mit dem Auftrag und seiner Realisierung und klärt mithilfe eines Fragenkatalogs die Details.

Attraktiv und unverwechselbar

#### Projektname

Der Projektname sollte kennzeichnend für den Projektinhalt, attraktiv für alle Projektbeteiligten und unverwechselbar sein. Er taucht auf allen internen Dokumenten, Planungsinstrumenten und Zwischenberichten im Titel auf.

Der Entscheider muss entsprechende Befugnis haben.

### Auftraggeber und Entscheider

Auf Auftraggeberseite muss dem Projektteam ein kompetenter Ansprechpartner an die Seite gestellt werden. Es ist wichtig, dass seine Entscheidungskompetenz klar definiert ist, damit er bei Fragen umgehend festlegen kann, wie weiter vorzugehen ist. Wenn seine Befugnisse nicht eindeutig sind, ist es sehr wahrscheinlich, dass sich der Projektablauf verzögert.

Endgültiges Projektteam wird nach Konzeptphase benannt

### Projektleiter und vorläufige Mitglieder im Projektteam

Die erste Fassung des Projektauftrags nennt neben dem Projektleiter die vorläufigen Mitglieder im Projektteam. Zu Beginn ist noch nicht absehbar, welcher Art die Aufgaben sein und welchen Umfang sie haben werden. Erst wenn nach der Definitions- und Konzeptphase diese Fragen geklärt sind, tritt das endgültige Projektteam zusammen.

### Projektziele

Der Projektauftrag beschreibt die Projektziele hinreichend genau und richtet sich dabei nach den Kriterien der Zielformulierung. Anhand dieser Angaben können alle Beteiligten erkennen, ob sie die Ziele erreicht haben oder nicht. Dabei sind zwei Arten von Zielen zu unterscheiden:

Sach- und Formalziele

- **Sachziele:** Sie geben an, was erreicht werden soll. Ihre Definition ist eindeutig und kontrollierbar. Alle Beteiligten können klar erkennen, ob sie die Ziele erreicht haben oder nicht beziehungsweise in welchem Umfang dies geschehen ist. Wichtig ist, dass die Sachziele die erwünschten Ergebnisse oder Situationen beschreiben und nicht die einzelnen Aufgaben, die zu diesem Ergebnis führen sollen.
- **Formalziele:** Sie legen fest, in welcher Weise das Projektteam bestimmte Ergebnisse erreichen soll, setzen also bestimmte Grenzen. Der Projektauftrag beschreibt die Formalziele, sofern dies der Klarheit dient.

**Formalziele**
Das Projektteam »Schalterhalle« soll laut der Zielbeschreibung im Projektauftrag Referenzprojekte besichtigen – aber nur solche im Inland. Zudem soll es eine Kundenbefragung durchführen – aber mit einem selbst entwickelten Fragebogen, ohne den Auftrag dafür extern zu vergeben.

## Projektinhalte, -aufgaben und Abgrenzung

Wesentliche Aufgaben des Projektteams

Der nächste Punkt listet die wesentlichen Arbeiten auf, die das Projektteam auszuführen hat. Anfangs ist es nicht möglich, die Aufgaben vollständig zu überblicken. Diese Liste ist sehr global, sie dient nicht der konkreten Planung, sondern dem groben Überblick und der Einstimmung der Teammitglieder.
Sehr hilfreich ist die Abgrenzung des Projekts. Dabei zählt der Projektauftrag die Bereiche auf, die im Projekt nicht bearbeitet werden sollen. So lassen sich Zeitverluste vermeiden, denn das Projektteam hält sich nicht mit überflüssigen Arbeiten auf, die gar nicht erwünscht sind.

## Lasten- und Pflichtenheft

Erwartungen an das Ergebnis

Lasten- und Pflichtenheft enthalten konkrete Anforderungen und Vorgaben, die das Projekt erfüllen muss. Beide sind besonders wichtig, wenn neue Produkte entwickelt werden.

- Das Lastenheft enthält die konkreten Vorgaben des externen Auftraggebers, also des Kunden, für das zu entwickelnde Produkt. Es nennt die Spezifikationen, die Anforderungen, denen das Produkt bei seiner Verwendung genügen muss, zu beachtende Normen, Richtlinien und Materialien. Diese Angaben können bei technischen Projekten sehr spezifisch sein, um sicherzustellen, dass der Projektgegenstand mit seiner späteren Umgebung kompatibel ist. Außerdem legt das Lastenheft die vertraglichen Konditionen und die Anforderungen an den Auftragnehmer sowie das Projektmanagement fest.

- Das Pflichtenheft beschreibt die Art und Weise, wie die Anforderungen des Lastenhefts zu erfüllen sind. Der interne Auftraggeber und das Projektteam stellen es gemeinsam zusammen. Der Begriff ist nicht eindeutig definiert, er reicht von der einfachen Beschreibung der angebotenen Leistung bis hin zur differenzierten Spezifikation des Lieferumfangs.

**Projektbeginn, Projektende**

Die Festlegung der Projektdauer hilft, das Projekt zu steuern.

Projektbeginn und Projektende sind zwei konkrete Daten, die mit Auftragserteilung gesetzt werden. Bei vielen Projekten ist es sehr schwierig, den wirklichen Zeitaufwand zu dem frühen Zeitpunkt, zu dem der Projektauftrag entsteht, abzuschätzen. Dennoch ist es sinnvoll, konkrete Termine zu setzen, um einen zeitlichen Rahmen vorzugeben, der eine Planung mit Sollwerten und damit ein adäquates Controlling ermöglicht.

Projektbeginn und Projektende definieren die Projektlaufzeit. Sie gilt es einzuhalten, es sei denn, es treten unvorhergesehene Umstände mit erheblichen Auswirkungen ein. Steuerungsmaßnahmen im Projektverlauf orientieren sich an diesem Zeitrahmen. Nur als letzte Möglichkeit sollte das Projektteam erwägen, den Endtermin zu verschieben.

Das bedeutet aber auch, dass der Zeitrahmen so zu planen ist, dass kleinere Abweichungen und ein gewisses Maß an Schwierigkeiten und Zusatzaktivitäten kompensiert werden können.

**Meilensteine**

Termine für Controlling-Aufgaben

Der Meilensteinplan gibt an, zu welchen Zeitpunkten während des Projektverlaufs das Controlling erfolgt. Für diese festgelegten Termine, an denen wichtige Arbeiten abgeschlossen sind, werden Sollwerte für die Erledigung von Arbeitspaketen angegeben, ebenso für die Kosten, die bis dahin im Projekt angefallen sein dürfen. Am Stichtag findet dann ein Abgleich statt, um Abweichungen zwischen

dem Soll- und dem Istzustand zu erfassen und gegebenenfalls Steuerungsmaßnahmen zu ergreifen.
Häufig fallen die Termine der Meilensteine mit den Terminen für die Zwischenberichte zusammen. Allerdings kann die Projektleitung diese Controlling-Termine auch für andere Zeitpunkte festsetzen. Das ist häufig dann der Fall, wenn die Berichtszeiträume sehr weit auseinanderliegen und das Projektteam intern zusätzliche Kontrollzeitpunkte für erforderlich hält.

### Projektbudget

Sollwerte für das Projektteam

Viele Projektverantwortliche empfinden es als schwierig oder gar unmöglich, das Projektbudget festzulegen. Dennoch ist es sinnvoll, sich von vornherein über die Mittel, die zur Verfügung stehen, Gedanken zu machen. So erhält das Projektteam Sollwerte, an denen es sich orientieren kann. Allerdings wird oft zunächst nur das Budget für die ersten beiden Projektphasen festgelegt. Denn ist die Feinplanung erst einmal abgeschlossen, lässt sich viel besser einschätzen, welches Budget das Projekt erfordert.
Das endgültige Budget legt der Auftraggeber fest, sobald ihm die Projektpläne, insbesondere der Budgetplan, vorgestellt wurden. Oft ist dies auch eine Verhandlungssache zwischen Projektleitung und Auftraggeber.

### Erfolgskriterien

Anhand der Erfolgskriterien können Auftraggeber und Projektteam den Erfolg des Projekts überprüfen. Dafür müssen die Kriterien präzise formuliert werden, dies ist allerdings in der ersten Fassung des Projektauftrags noch nicht möglich. Eine Angabe wie zum Beispiel »Personalentwicklung und Gesundheitsprävention« als Erfolgskriterium in der ersten Fassung eines Projektauftrags muss im weiteren Verlauf verfeinert werden, etwa durch »Teilnahme von mindestens 300 Mitarbeitern an den Gesundheitstagen«.

## Muster Projektauftrag (erste Fassung)

### Projektauftrag (erste Fassung)

**Projektname** Personalentwicklung und Gesundheitsprävention
**Auftraggeber** Landrat
**Entscheider** FBL 0 mit FBL 2
**Projektleiterin** Claudia Frey
**Vorläufige Mitglieder im Projektteam**
Mirjam Ludwig (und andere)
**Projektziele** Erstellung einer Konzeption zum Gesundheitsmanagement als Personalentwicklungsinstrument im Landratsamt ...
**Projektinhalte, Projektaufgaben**
1) Systematische Analyse der in den letzten fünf Jahren begonnenen Arbeiten im Gesundheitsmanagement
2) Ermittlung von Erfahrungen aus betrieblichen Maßnahmen und deren Erfolgen in vergleichbaren Organisationsstrukturen
3) Vorbereitung und Durchführung des Gesundheitstags im Landratsamt
**Abgrenzung des Projekts**
1) Umsetzung arbeitsschutzbezogener Maßnahmen
2) Berücksichtigung von Maßnahmen nachgeordneter Einrichtungen
3) Keine Maßnahmen zur Gesundheitsprävention in der Bevölkerung im Landkreis
**Lastenheft** (Erwartungen des Auftraggebers)
Konzeptabstimmung mit anderen Verwaltungen, zum Beispiel auch Kreissparkasse ... oder Krankenkassen
**Pflichtenheft** (Vereinbarungen mit dem Auftraggeber)
Kompetenzübertragung für Abstimmungen und Beauftragungen
**Projektbeginn** 25.09.2011
**Meilensteine** (Controlling-Zeitpunkte)
1) Vorbereitung und Durchführung „Gesundheitstag 2012“
2) Abstimmung über Module des Personalentwicklungskonzepts: 01.03.2012
3) Präsentation der Zwischenergebnisse im Kreistagsausschuss: 30.04.2012
**Projektende** 31.11.2012
**Projektbudget** (vorläufig für die erste Projektphase)
ca. 2 500,– Euro Reisekosten für Kurzhospitationen
**Erfolgskriterien** Zahlreiche Teilnahme an der Kampagne „Gesundheitstag 2012“ unter der Zielsetzung erhöhter Nachhaltigkeit

### Der Projektstrukturplan

Der Projektstrukturplan, abgekürzt PSP, ist die Basis für die gesamte Planungsarbeit. Im Projektstrukturplan trägt das Projektteam alle Arbeitspakete zusammen, die zu diesem Zeitpunkt erkennbar sind, und bringt sie in eine sachlogische Struktur.

### Möglichst vollständige Zusammenstellung der Aufgaben

Arbeitspakete in sachlogischer Reihenfolge

Es geht aber an dieser Stelle noch nicht um den zeitlichen Ablauf oder gar darum, einzelnen Personen bereits Arbeitspakete zuzuweisen. Die Arbeit am Projektstrukturplan ist einfacher, wenn der zweite Schritt (die zeitliche Dimension) und der dritte Schritt (die Verteilung der Aufgaben auf die Projektteammitglieder) an dieser Stelle noch außen vor bleiben. Die möglichst vollständige Zusammenstellung und übersichtliche Anordnung der im Projekt anfallenden Arbeiten sind komplex genug. Projektplanung ist dann erfolgreich, wenn sie in systematischen Schritten verläuft.

Das einzige Ziel bei der Erarbeitung des Projektstrukturplans ist es also, die Sachaufgaben möglichst

- vollständig,
- übersichtlich und
- sachlogisch strukturiert

darzustellen. Alle weiteren Schritte erfolgen später.

### Darstellungsformen des Projektstrukturplans

Baumstruktur nur für größere und komplexe Projekte

Für die Darstellung des Projektstrukturplans gibt es verschiedene Modelle. Der Netzplan, der nur für ausgesprochene Großprojekte nötig wird, und der für größere und komplexere Projekte geeignete Baumstrukturplan werden grafisch aufbereitet und sie vermögen etliche hierarchische Ebenen sowie die Abhängigkeiten der Projektteile untereinander darzustellen.

Für die weitaus meisten Projektstrukturpläne, die die Größe von maximal mittleren Projekten nicht überschreiten, reicht dagegen die weitaus weniger aufwendige Darstellung in Tabellenform.

Darstellung in drei Ebenen für kleinere und mittlere Projekte

### Darstellung in drei Ebenen

Für kleinere und mittlere Projekte genügt die Darstellung in drei Ebenen. Auch dabei steht in der ersten Ebene der Projektname, in der zweiten sind die Projektteile und in der dritten die einzelnen Arbeitspakete aufgelistet.
Die Auflistung der Arbeitspakete (siehe unten) erfolgt dann im nächsten Schritt in Tabellenform.

**Gliederung in Projektteile**
Projektteile bei der Entwicklung eines Lkw
TA 1 = Bedieninstrumente
TA 2 = Motor
TA 3 = Antriebsstrang
TA 4 = Chassis
TA 5 = Laderaum
TA 6 = Ausstattung der Kabine
TA 7 = ...
TA steht für Teilaufgabe.

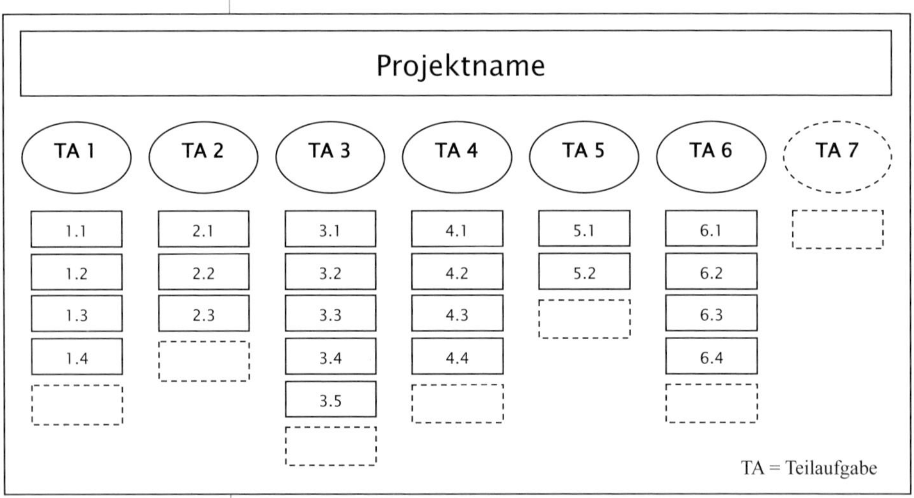


Der Projektstrukturplan in einer Darstellung in drei Ebenen: dem Namen des Projekts, den Teilaufgaben und den einzelnen Arbeitspaketen mit ihren Nummern.

## Muster Projektstrukturplan in Tabellenform (Teil 1)

### Projektstrukturplan Neubau Parkhaus Klinikum

| PSP-Nr. | Projektteile/Arbeitspakete |
|---|---|
| 1 | Rahmenbedingungen |
| 1.1 | Abstimmung Erschließung |
| 1.2 | Verbindung Parkhaus mit Klinikum |
| 1.3 | Kontrolle der Bedarfsanforderung zu 350 Stellplätzen |
| 1.4 | Vorgaben aus Bebauungsplan |
| 1.5 | Ermittlung Baukörpergröße |
| 2 | Voruntersuchung |
| 2.1 | Bodenuntersuchung |
| 2.2 | Abstimmung AfU |
| 2.3 | Kampfmittelfreigabe einholen |
| 2.4 | Grunderwerb |
| 3 | Verkehrsaspekte |
| 3.1 | Verkehrsgutachten |
| 3.2 | Zufahrtsregelung |
| 3.3 | Konzept Andienung |
| 3.4 | Anschluss Parkleitsystem |
| 4 | Planung |
| 4.1 | Vorgaben Architektur |
| 4.2 | Ausführungsplanung |
| 4.3 | Entwurfsplanung |
| 4.4 | Genehmigungsplanung |
| 4.5 | Aufteilung Gebäude |
| 4.6 | Auswahl Baustoffe |
| 4.7 | Kostenschätzung |
| 4.8 | Kosten von ausgeführten Vergleichsobjekten |
| 4.9 | Beachtung bautechnischer Vorschriften |

PSP-Nr. = Nummer des Arbeitspakets im Projektstrukturplan

## Muster Projektstrukturplan in Tabellenform (Teil 2)

### Projektstrukturplan Neubau Parkhaus Klinikum

| PSP-Nr. | Projektteile/Arbeitspakete |
|---|---|
| 5 | Details (Ausführung) |
| 5.1 | Lage Treppenhaus |
| 5.2 | Stahlkonstruktion |
| 5.3 | Betonkonstruktion |
| 5.4 | Feuerwehr/Telekomanschluss |
| 5.5 | Haustechnik |
| 5.6 | Statik |
| 5.7 | Markierung/Ausstattung |
| 5.8 | Aufzuganlage |
| 5.9 | Extensive Dachbegrünung |
| 5.10 | Begrünungskonzept |
| 5.11 | Gründung |
| 5.12 | Abdichtung gegen aufsteigende Feuchtigkeit |
| 6 | Bauausführung |
| 6.1 | Vermessung vorher/nachher |
| 6.2 | Kostenkontrolle/Rechnungen |
| 6.3 | Ausschreibungen |
| 6.4 | Vergabe |
| 6.5 | Bauleitung |
| 6.6 | Schlussrechnung |
| 7 | Projektsteuerung |
| 7.1 | Klärung Projektauftrag |
| 7.2 | Projektstrukturplan |
| 7.3 | Projektzeitplan/Meilensteinplan |
| 7.4 | Projektbudgetplan |
| 7.5 | Projektorganisationsplan |
| 7.6 | Koordinierung/Teamsitzungen/Problemlösungen |
| 7.7 | Controlling Termine/Kosten |
| 7.8 | Acht Zwischenberichte (Erstellung, Erstattung, Freigabe) |
| 7.9 | Übergabe/Einweihungsfest |
| 7.10 | Fünf Presseberichte |
| 7.11 | Internet |
| 7.12 | Dokumentation |

PSP-Nr. = Nummer des Arbeitspakets im Projektstrukturplan

Welche Aktivitäten sind nötig, um die Projektziele zu erreichen?

## Arbeitspakete ausarbeiten

Die Arbeitspakete sind das wichtigste Element des Projektstrukturplans. Sie geben an, welche Aktivitäten im Projekt nötig sind, um die Projektziele zu erreichen, und bilden damit das kleinste Grundelement in der Projektplanung. Ein Arbeitspaket ist ein Bündel von Aktivitäten, das der zuständige Mitarbeiter oder ein Lieferant in einem Stück, also ohne Unterbrechungen durch andere Arbeiten, vornehmen kann.

**Abgrenzung eines Arbeitspakets**

Die Berichterstattung über das Projekt gegenüber dem Auftraggeber bildet mehrere Arbeitspakete. Dem ersten Zwischenbericht folgen weitere Projektarbeiten, bevor der zweite erstellt werden kann.

Jedes Arbeitspaket erhält eine eindeutige Bezeichnung im Projektstrukturplan. Diese kennzeichnet das Arbeitspaket auch in allen anderen Unterlagen. Unter jedem Projektteil kann sich eine ganze Reihe einzelner Arbeitspakete verbergen, die das Projektteam bei der Projektplanung berücksichtigen muss.

Differenzierung ist wichtig.

Wichtig ist, die Arbeitspakete so differenziert festzulegen, dass sich die personellen und finanziellen Ressourcen gut einschätzen lassen. Denn erst wenn diese Angaben feststehen und alle Beträge addiert sind, lässt sich sagen, welche Mittel für das Gesamtprojekt benötigt werden. Der Vergleich dieses Gesamtbetrags mit dem geplanten Projektbudget zeigt, ob sich das Projekt wie geplant durchführen lässt oder ob die ursprüngliche Planung geändert werden muss.

Die ausführliche Beschreibung der einzelnen Arbeitspakete leistet aber nicht das Projektteam als Ganzes. In diesem Plenum findet erst einmal nur eine Sammlung der Aufgaben mittels Stichpunkten statt. Erst wenn das Gesamtgerüst aller Arbeitspakete errichtet ist, arbeiten die verschiedenen Untergruppen des Projektteams die einzelnen Arbeitspakete aus.

## Muster Beschreibung Arbeitspaket

### Arbeitspaket 4.1

| **Elemente** | **Angaben** |
|---|---|
| **Inhaltsbeschreibung** | Liste von Vor- und Nachteilen der Software „DHS-27“ und ihrer Alternative bei Einsatz unter Realbedingungen |
| **Ziele des Arbeitspaketes (vereinbarte Leistungen)** | Wir haben eindeutige Kriterien zur Entscheidung. Wir kennen alle Vor- und Nachteile beider Programme. |
| **Start** | 14.07.2011 |
| **Ende** | 17.07.2011 |
| **Dauer** | Vier Tage |
| **Kontext** | |
| Vorgänger | Arbeitspaket 2.7 |
| Nachfolger | Arbeitspaket 4.2 |
| **Ressourcen** | |
| Personentage | 16,0 |
| Kosten (TEUR) | 1,9 |
| Mitwirkende | Friederike Müller, Christian Lang, Wolfgang Wagner |
| Verantwortlicher | Stefan Meyer |
| Bemerkungen | Das schriftliche Resümee soll möglichst knapp gehalten sein (maximal zwölf Seiten). |

## Der Projektbudgetplan

Wenn die Projektteammitglieder alle Arbeitspakete ausgearbeitet und die entsprechenden personellen und finanziellen Ressourcen zugewiesen haben, kann der Projektbudgetplan erstellt werden. Die personellen Ressourcen werden je nach Umfang des Projekts in Personenmonaten (PM), Personenwochen (PW) oder Personentagen (PT) ausgewiesen. Die finanziellen Ressourcen werden der Planung in der Regel durch Tausendereinheiten (TEUR = tausend Euro) zugewiesen. Im ausgearbeiteten Projektbudgetplan stehen dann alle Angaben in Euro (EUR).

Den Budgetplan zu erstellen, ist im Wesentlichen Schreibarbeit.

Die Erstellung des Projektbudgetplans ist nach den Vorarbeiten im Wesentlichen Schreibarbeit, allerdings ist es sinnvoll, die Ressourcen nach Kostenstellen zu gruppieren.

Zunächst listet der Projektbudgetplan, der als Tabelle angelegt ist, die Basisinformationen auf, wie den Projektnamen, die Nummer der Arbeitspakete im Projektstrukturplan und deren Bezeichnung. Die verschiedenen Kostentypen sind anschließend aufgeführt, dazu gehören etwa die Kosten für die Mitarbeiter, die im Projekt mitarbeiten – die sogenannte interne Personalressource –, die Materialkosten, die Kosten für die Auftragsvergabe an externe Firmen und so weiter. Zuletzt folgt noch die Angabe der Gesamtkosten des jeweiligen Arbeitspakets. Welche Informationen im Projektbudgetplan enthalten sind, müssen die Verantwortlichen zu Beginn klar definieren.

### Kosten ermitteln

Personalkosten werden über Pauschalbeträge ermittelt.

Um die Kosten für die internen Personalressourcen anzusetzen, wird ein Schlüssel hinterlegt, den die Personalabteilung zur Verfügung stellt. Dafür fasst sie Stellengruppen zusammen und bestimmt für diese Gruppen einen Pauschalbetrag pro Zeiteinheit. Die Zeit, die ein Mitarbeiter im Projekt arbeitet, multipliziert mit dem Pauschalbetrag aus seiner Stellengruppe ergibt einen recht genauen Annäherungswert an die Personalkosten, die dann real anfallen.

Gewisse Spielräume sollten im Projektbudget eingeplant werden.

Die Materialkosten und die Kosten für Fremdaufträge schätzen die Projektteammitglieder direkt. Dazu bedienen sie sich der Informationen, die der Markt bereitstellt. Wichtig ist, dass das Projektteam keine Kosten versehentlich doppelt einplant. Das geschieht schnell, wenn die Arbeitspakete unscharf definiert sind. Gleichzeitig ist es sinnvoll, wenn die Projektverantwortlichen von vornherein Spielräume vorsehen. Egal ob es darum geht, Ressourcen zuzuweisen, Materialkosten oder die Kosten für Aufträge an externe Firmen abzuschätzen: Bei allen Kosten ist es erlaubt, innerhalb eines gewissen Rahmens großzügig zu verfahren. Allerdings wird der Auftraggeber nachfragen, wenn das Projektteam diese »Sicherheitszonen« im Budgetplan zu freigiebig auslegen sollte, und die Budgetmittel begrenzen.

Wenn alle Ressourcen zugewiesen sind, können die Verantwortlichen zum ersten Mal eine Überschlagsrechnung anstellen. Bewegt sich das geplante Projekt im Budgetrahmen oder sind schon hier Steuerungsmaßnahmen erforderlich, etwa der Verzicht auf Arbeiten im Projekt, die nicht unbedingt zur Erfüllung der Projektziele nötig sind?

### Der Aufbau des Projektbudgetplans

Der Projektstrukturplan mit den zugewiesenen Ressourcen gibt den Aufbau für einen strukturierten Budgetplan vor. Dieser führt die Kosten differenziert nach den einzelnen Arbeitspaketen sowie nach Sachkosten und Personalkosten auf.

Welche Zwischensummen sind interessant?

Im Projektbudgetplan lassen sich beliebig viele Zwischensummen ausweisen. Deren Anzahl hängt davon ab, welche Informationen der Budgetplan zur Verfügung stellen soll. Womöglich haben der Auftraggeber, Projektleiter oder das Projektteam ein besonderes Interesse an der Kostenentwicklung in bestimmten Projektteilen. In diesem Fall ist es sinnvoll, die betreffenden Gruppen von Arbeitspaketen zusammenzufassen und hierfür Zwischensummen auszuweisen.

## Muster Projektbudgetplan

### Projektbudgetplan

**Reorganisation Kundenbetreuung**

| Arbeitspakete | | Plankosten (EUR) | | | |
|---|---|---|---|---|---|
| PSP-Nr. | Bezeichnung | Personal | Material | Fremd-aufträge | Gesamt-kosten |
| 1.1 | Kundenbefragung | 4 250 | 830 | | 5 080 |
| 1.2 | Mitarbeiter-befragung | 2 830 | 460 | | 3 290 |
| 1.3 | Auswertung | 1 940 | | | 1 940 |
| 1.4 | Analyse der Arbeitsprozesse | 27 500 | | | 27 500 |
| | Zwischensumme | 36 520 | 1 210 | | 37 810 |
| 1.5 | [...] | | | | |

Der Projektzeitplan entsteht auf Basis der Arbeitspakete.

### Der Projektzeitplan

Basisinformationen für den Projektzeitplan sind die Personalressourcen, die den einzelnen Arbeitspaketen zugewiesen wurden. Darüber hinaus aber müssen die Verantwortlichen folgende Fragen klären:

- Wie viele Personen müssen sie einsetzen, um die geschätzten Arbeitsvolumina zu bearbeiten?
- Welche Arbeiten kann beziehungsweise muss das Projektteam an externe Firmen vergeben?
- Bei welchen Arbeitspaketen erreicht das Projektteam den größten Effekt in der Zeitplanung, wenn es mehr Personal einsetzt?

Bei all diesen Überlegungen greifen die Verantwortlichen auf die Daten aus der genauen Beschreibung der Arbeitspakete zurück. Ohne diese Informationen ist eine konkrete Projektplanung und Projektüberwachung unmöglich.

## Muster Projektzeitplan

**Projektzeitplan: Schalterhalle**

| PSP-Nr. | Arbeitspakete | 1 | 2 | 3 | 4 | 5 | 6 | 7 | 8 | 9 | 10 | 11 | 12 | 13 | 14 | 15 | 16 | 17 | 18 | 19 | 20 | 21 |
|---|---|---|---|---|---|---|---|---|---|---|---|---|---|---|---|---|---|---|---|---|---|---|
| 2.1 | Referenzobjekte | ■ | ■ | ■ | ■ | | | | | | | | | | | | | | | | | |
| 2.2 | Befragung Mitarbeiter | | | ■ | ■ | ■ | | | | | | | | | | | | | | | | |
| 2.2.1 | Auswertung Mitarbeiterbefragung | | | | | | ■ | | | | | | | | | | | | | | | |
| 2.3 | Befragung Kunden | | | ■ | ■ | ■ | ■ | | | | | | | | | | | | | | | |
| 2.3.1 | Auswertung Kundenbefragung | | | | | ■ | | | | | | | | | | | | | | | | |
| 2.4 | Arbeitsprozesse | | | ■ | ■ | ■ | ■ | | | | | | | | | | | | | | | |
| 2.5 | Eckpunkte Planung | | | | | | | ■ | ■ | ■ | | | | | | | | | | | | |
| 2.5.1 | Beauftragung Planung | | | | | | | | | | ■ | ■ | | | | | | | | | | |
| 3.1 | Baupläne erstellen | | | | | | | | | | | | ■ | ■ | ■ | ■ | ■ | ■ | | | | |
| 3.1.1 | Modifikation Baupläne | | | | | | | | | | | | | | | | | | ■ | ■ | | |
| 3.2 | Planung Infrastruktur | | | | | | | | | | | | | | ■ | ■ | ■ | ■ | | | | |
| 3.2.1 | Integration in Baupläne | | | | | | | | | | | | | | | | | | ■ | ■ | | |
| 3.3 | Material und Design | | | | | | | | | | | | | | | | | | | | ■ | ■ |
| 3.3.1 | Kompatibilität sichern | | | | | | | | | | | | | | | | | | | | | ■ |
| ... | ... | | | | | | | | | | | | | | | | | | | | | |

PSP-Nr. = Nummer des Arbeitspakets im Projektstrukturplan

Welche Daten sollen im Projektzeitplan auftauchen?

### Informationen im Projektzeitplan zusammentragen

Der Zeitplan kann sehr viele Informationen enthalten. Daher ist es sinnvoll, rechtzeitig zu entscheiden, welche Daten er aufführen soll und welche nicht. Zumindest aber sollte er Auskunft geben über die folgenden Punkte:

- Anfangs- und Schlusstermin des Projekts
- Anfangs- und Schlusstermine der einzelnen Arbeitspakete
- Abfolge der einzelnen Arbeitspakete
- Zeitpunkte der Zwischenberichte beim Auftraggeber
- Meilensteine im Projektverlauf, zu denen Controlling-Maßnahmen stattfinden

Darüber hinaus können die Verantwortlichen bestimmen, dass der Balkenplan noch weitere Informationen zur Verfügung stellt, zum Beispiel:

- Das erforderliche Arbeitsvolumen in den einzelnen Arbeitspaketen
- Die Abhängigkeit von Arbeitspaketen von der Fertigstellung anderer Arbeitspakete
- Der Grad der Bearbeitung einzelner Arbeitspakete während der Projektumsetzung. Hierzu geben dann die verantwortlichen Projektteammitglieder jeweils ihre Einschätzung ab (siehe unten).

In der Titelzeile des Balkenplans steht der Projektname. Die Spaltenüberschriften enthalten die Angaben: »PSP«, das ist die Nummer des Arbeitspakets im Projektstrukturplan, »Arbeitspakete«, also die Bezeichnung des jeweiligen Arbeitspakets, und die Projektzeit in Wochen. Die Zeiteinteilung kann variieren. Sie wird bei längeren Projektlaufzeiten in größeren Einheiten, bei kürzeren Laufzeiten in kleineren Einheiten angegeben.

Übersicht über Zeiträume und Termine

Die erste Spalte enthält die Nummer des Arbeitspakets im Projektstrukturplan, die zweite dann den entsprechenden Namen. Horizontale Balken geben den Zeitraum an, in dem das betreffende Arbeitspaket bearbeitet werden soll. Senkrechte Linien zeigen, zu welchen Terminen die Zwischenberichte fällig werden. Zu diesen Zeitpunkten finden in allen Projektteilen Controlling-Maßnahmen statt.

Der **Projektzeitplan für das Projekt »Schalterhalle«** zeigt, zu welchen Terminen Zwischenberichte anstehen.

- Der erste Zwischenbericht ist vorgesehen, nachdem das Projektteam die Befragungen ausgewertet hat, aber noch bevor die Eckpunkte für die konkrete Bauplanung festgelegt werden – der Balkenplan stellt dies durch einen senkrechten Strich dar.
- Das Arbeitspaket »Arbeitsprozesse« ist noch nicht fertig. In ihm analysieren die Verantwortlichen die Arbeitsprozesse in der Schalterhalle und im Backofficebereich. Für den Zwischenbericht muss das zuständige Projektteammitglied den Bearbeitungsstand einschätzen.
- Der zweite Zwischenbericht erfolgt, nachdem das Projektteam den Auftrag an die Planungsfirma vergeben hat, aber vor Beginn der konkreten Planungsarbeit.
- Der dritte Zwischenbericht erfolgt, wenn die Baupläne und die Infrastrukturplanung fertig sind. Hier kann das Projektteam noch Vorschläge oder Anforderungen des Auftraggebers annehmen, bevor die ersten Pläne modifiziert werden.

### Detailterminpläne erstellen

Beliebig viele Detailterminpläne zu einzelnen Arbeitspaketen

Zu den einzelnen Arbeitspaketen lassen sich beliebig viele Detailterminpläne ausarbeiten. Sie sorgen für die Feinplanung, sind viel detaillierter und haben ein engmaschigeres Zeitraster. Diese Pläne beziehen sich auf einzelne Balken im übergeordneten Zeitplan. Alle Informationen zu den einzelnen Arbeitspaketen im übergeordneten Zeitplan unterzubringen, würde der Übersichtlichkeit schaden.

## Nutzen der Detailterminpläne

Die Detailterminpläne dienen vorwiegend den Mitgliedern des Projektteams, die das jeweilige Arbeitspaket bearbeiten sollen.

In der Titelzeile steht der Name des Detailterminplans, in der Zeile darunter stehen die gleichen Spaltenüberschriften wie im übergeordneten Zeitplan sowie die Zeiteinteilung in einem feineren Raster, zum Beispiel in Tagen. In den folgenden Zeilen stehen die Nummer im Projektstrukturplan (PSP) und der Name des Arbeitspakets.
Die zweite Spalte führt die Arbeitspakete auf – sinnvoll ist es, sie zu Gruppen zusammenzufassen, um einen möglichst guten Überblick zu gewährleisten.
Der Zeitbalken erstreckt sich über 28 Tage, also über vier Wochen im übergeordneten Projektzeitplan.
Der **Detailterminplan für das Arbeitspaket »Referenzobjekte« im Projekt »Schalterhalle«** führt die einzelnen Schritte mit den entsprechenden Terminen auf.

- Diejenigen Projektteammitglieder im Projekt »Schalterhalle«, die sich die Referenzobjekte ansehen, erarbeiten in der ersten Woche einen Erhebungsplan. Er enthält einen Katalog von Fragen an die Nutzer vor Ort, eine Aufstellung der benötigten Daten und Informationen sowie die entsprechenden Bögen und Materialien.
- Gleichzeitig mit der Erstellung des Erhebungsplans nehmen diese Projektteammitglieder Kontakt mit den zuständigen Ansprechpartnern auf und erstellen die Reiseplanung.
- Sie planen die restlichen drei Wochen so ein, dass vor Ort in den Referenzobjekten jeweils ein Tag für die Besichtigung zur Verfügung steht. Dabei sehen sie Planungsunterlagen ein, erheben Daten und sprechen mit den Nutzern. Ein weiterer Tag ist eingeplant, um die Daten zu analysieren und die Optimierungsmöglichkeiten bei der Verwendung im eigenen Projekt zu ermitteln.
- Am Ende des zur Verfügung stehenden Zeitraums werten die Projektteammitglieder die erhobenen Daten aus und erstellen einen Bericht für das gesamte Projektteam.

## Muster Detailterminplan

**Detailterminplan: Schalterhalle – Arbeitspaket Referenzobjekte**

| PSP-Nr. | Arbeitspakete | 1 | 2 | 3 | 4 | 5 | 6 | 7 | 8 | 9 | 10 | 11 | … | 20 | 21 | 22 | 23 | 24 | 25 | 26 | 27 | 28 |
|---|---|---|---|---|---|---|---|---|---|---|---|---|---|---|---|---|---|---|---|---|---|---|
| 2.1 | Referenzobjekte | | | | | | | | | | | | | | | | | | | | | |
| | Erhebungsplan | | | | | | | | | | | | | | | | | | | | | |
| | Kontaktaufnahme | | | | | | | | | | | | | | | | | | | | | |
| | Reiseplanung | | | | | | | | | | | | | | | | | | | | | |
| | Objekt 1 | | | | | | | | | | | | | | | | | | | | | |
| | Analyse | | | | | | | | | | | | | | | | | | | | | |
| | Objekt 2 | | | | | | | | | | | | | | | | | | | | | |
| | Analyse | | | | | | | | | | | | | | | | | | | | | |
| | … | | | | | | | | | | | | … | | | | | | | | | |
| | Gesamtauswertung | | | | | | | | | | | | | | | | | | | | | |
| | Berichterstellung | | | | | | | | | | | | | | | | | | | | | |

PSP-Nr. = Nummer des Arbeitspakets im Projektstrukturplan

Auf Übersichtlichkeit achten

## Soll-Ist-Abgleich im Projektzeitplan ermöglichen

Der Balkenplan kann viele weitere nützliche Informationen enthalten. Allerdings ist dabei Vorsicht geboten, die Informationsdichte darf nicht zu hoch sein. Sonst geht die Übersichtlichkeit verloren. Eine sinnvolle Information ist die Angabe, wie weit die Bearbeitung der einzelnen Arbeitspakete vorangeschritten ist. Dies zeigt die grafische Gestaltung der Balken. Das für das Arbeitspaket zuständige Projektteammitglied schätzt dafür den Fortschritt in diesem Arbeitspaket ein. Auf diese Weise liefert der Balkenplan sofort einen Soll-Ist-Abgleich, ob Arbeitspakete in Verzug geraten sind, ob sie plangerecht oder ob sie sogar schon vorzeitig fertiggestellt werden. Das Projektteam legt fest, in welchen Intervallen es die Bearbeitungsstände im Balkenplan aktualisiert. Das muss in jedem Fall rechtzeitig vor den Berichtsterminen beziehungsweise vor den Kontrollzeitpunkten im Meilensteinplan geschehen, damit die Verantwortlichen in den Zwischenberichten korrekte Daten an den Auftraggeber melden können.

Die Nettobearbeitungszeit kann bei Terminschwierigkeiten wichtig werden.

Eine weitere sinnvolle Information kann die Nettobearbeitungszeit der einzelnen Arbeitspakete sein. Sie wird bei Bedarf direkt in die Zeitbalken hineingeschrieben. Für den Erhebungsplan wird im Beispiel das Arbeitsvolumen von drei Personenwochen in der Zeitspanne von sechs Wochen benötigt. Diese Daten können bei Terminschwierigkeiten wichtig werden.

Der **Soll-Ist-Abgleich im Projektzeitplan des Projekts »Schalterhalle«** ergibt Folgendes:

- Das Projekt ist am Ende der Woche 19 angekommen. Die Zeitlinie schneidet zwei Arbeitspakete, deren Bearbeitungsstand der verantwortliche Projektmitarbeiter einschätzen muss.
- Hellgrau steht für »bearbeitet«, Dunkelgrau für »noch zu bearbeiten«. Alles, was hellgrau ist und sich links der Zeitlinie befindet, ist ein Problem – hier sind Projektarbeiten im Verzug. Alles, was dunkelgrau ist und rechts von der Zeitlinie steht, ist weiter als geplant – hier ist der Bearbeitungsstand dem Zeitplan voraus.

## Muster Soll-Ist-Abgleich

**Soll-Ist-Abgleich Projektzeitplan**

| PSP-Nr. | Arbeitspakete | 8 | 9 | 10 | 11 | 12 | 13 | 14 | 15 | 16 | 17 | 18 | 19 | 20 | 21 | 22 | 23 | 24 | 25 | 26 | 27 | 28 |
|---|---|---|---|---|---|---|---|---|---|---|---|---|---|---|---|---|---|---|---|---|---|---|
| 1 | Erhebungsplan | | | | | | 3 PW | | | | | | | | | | | | | | | |
| 1.1 | Materialien | | | | | | | | 2 PW | | | | | | | | | | | | | |
| 2 | Auftakt alle Mitarbeiter | | | | | | | | | 1 PW | | | | | | | | | | | | |
| 3 | Schriftliche Befragung | | | | | | | | | | | | 3 PW | | | | | | | | | |
| 3.1 | Einzelinterviews | | | | | | | | | | | | 2 PW | | | | | | | | | |
| 3.2 | Teambesprechungen | | | | | | | | | | | | | 1 PW | | | | | | | | |
| 4 | Auswertung | | | | | | | | | | | | | | | | | 5 PW | | | | |
| 4.1 | Info-Markt | | | | | | | | | | | | | | | | | | | | | 8 PW |
| 4.2 | ... | | | | | | | | | | | | | | | | | | | | | |

PSP-Nr. = Nummer des Arbeitspakets im Projektstrukturplan, PW = Personenwoche

## Der Meilensteinplan

Der Meilensteinplan stellt die Grobstruktur des Projekts dar. Er liefert konkrete und kontrollierbare Sollwerte für die Kosten- und Terminentwicklung zu definierten Zeitpunkten (Meilensteinen). In der Regel finden zu diesen Terminen auch die Zwischenberichte beim Auftraggeber statt.

### Bedeutung der Meilensteine

Wird das Projekt fortgesetzt?

Die Schätzung von Terminen und Kosten sollte möglichst realistisch sein. Spätestens bei der Vorbereitung der Zwischenberichte tragen die Verantwortlichen die Daten aus den laufenden Arbeitspaketen zusammen und vergleichen sie mit den Sollwerten.
Bei jedem Meilenstein entscheidet der Auftraggeber, ob er das Projekt fortsetzen will, ob er die Weiterführung nur unter veränderten Zielen genehmigt oder ob er das Projekt abbricht.

### Bearbeitungsstände angeben

Sind Steuerungsmaßnahmen notwendig?

Im Meilensteinplan listen die Verantwortlichen für alle Projektphasen die Projektteile und die Arbeitspakete auf. Für alle Arbeitspakete, die bis zu einem Meilenstein abgearbeitet sein sollen, und für alle Arbeitspakete, die noch in Bearbeitung sind, geben sie konkrete Bearbeitungsstände und die geplanten Kosten an. Stellt sich beim Vergleich der Sollwerte mit den Istwerten zum Meilensteinzeitpunkt heraus, dass es zu Abweichungen gekommen ist, ergreifen die Projektteammitglieder Steuerungsmaßnahmen.
Bei einigen Projekten – zum Beispiel bei Produktentwicklungsprojekten – gibt es zudem Qualitätskriterien, die die Verantwortlichen ebenfalls überprüfen. Arbeitspakete gelten erst dann als erledigt, wenn das Produkt des Arbeitspakets den Qualitätskriterien gerecht wird.

## Muster Meilensteinplan

**Meilensteinplan**

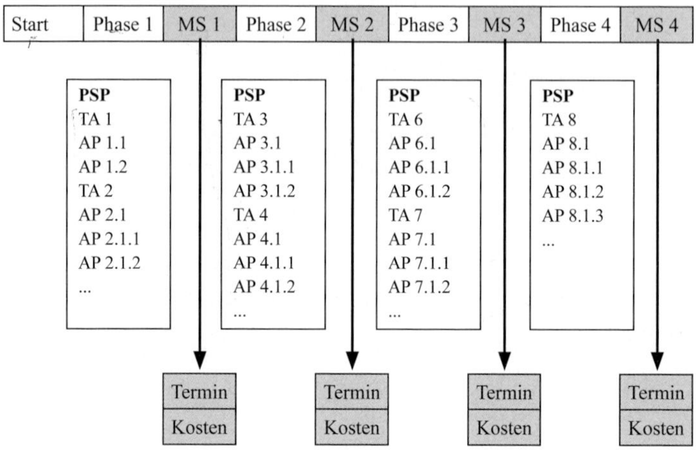


MS = Meilenstein, PSP = Projektstrukturplan, TA = Teilaufgabe, AP = Arbeitspaket

### Der Projektorganisationsplan

Darstellung der Arbeitsteilung

Der Projektorganisationsplan stellt dar, wer welche Arbeitspakete im Projekt betreut. Er zeigt also die Arbeitsteilung.

Für die Darstellung des Projektorganisationsplans in den Zwischenberichten greifen die Verantwortlichen oft zu einer groben, schematischen Darstellung. Sie gibt an, welche Projektteammitglieder für welche Projektteilbereiche zuständig sind. Das betrifft dann etwa die Bereiche Finanzen oder Verträge.

Für den Gebrauch innerhalb des Projektteams ist die Darstellung des Projektorganisationsplans differenziert und vollständig. Die Darstellung erfolgt dann in Tabellenform.

## Muster Projektorganisationsplan

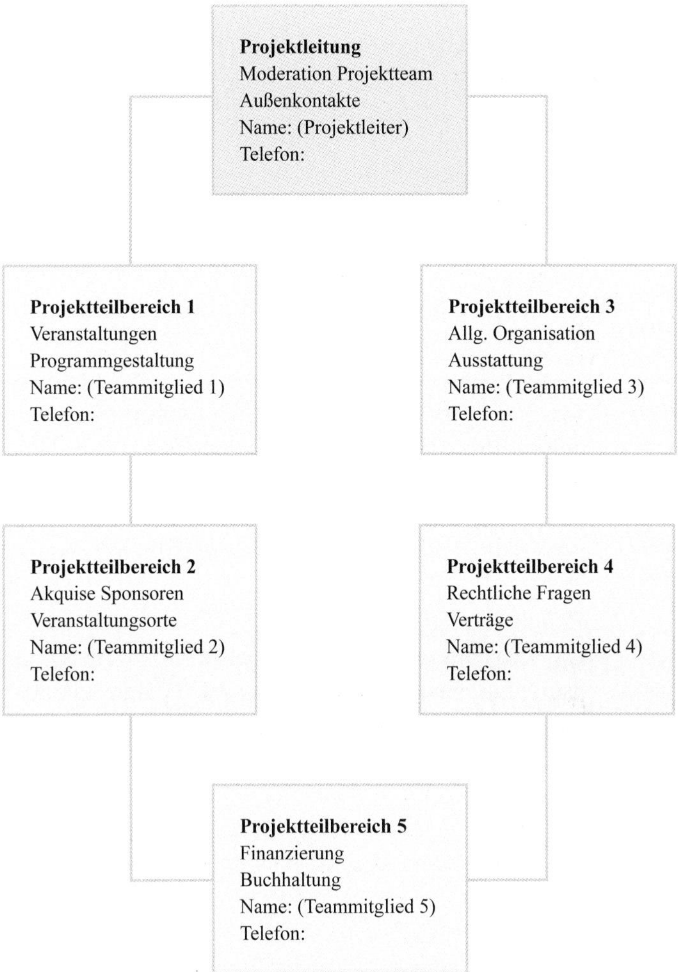

In einem Projekt arbeiten Mitarbeiter aus verschiedenen Fachabteilungen oder Stabsstellen eines Unternehmens an einem gemeinsamen Ziel – neben den Aufgaben, die in der Linienposition teilweise weiter anfallen. Es treffen dabei Mitarbeiter aufeinander, die sich zum Teil nicht oder nicht sehr gut kennen. Jedes Mitglied des Projektteams kommt aus einer Arbeitssituation, die oftmals schon sehr angespannt ist. Je größer die Belastung bereits ist, desto größer sind die Widerstände gegen zusätzliche Aufgaben. All diese Punkte führen dazu, dass die Projektarbeit besonderen Regeln gehorcht.

## Konstituierende Sitzung und erste Projektphase

Identifikation mit dem Projekt ermöglichen

In der ersten Besprechung eines neu zusammengestellten Teams können die Beteiligten nicht sofort mit der Sacharbeit im Projekt beginnen. Hier geht es in erster Linie darum, die künftigen Projektmitarbeiter aus der Hierarchie »herauszulösen« und Identifikationsmöglichkeiten mit dem neu zusammengesetzten Projektteam zu schaffen.

### Projektteam zusammenrufen

Eine förderliche Arbeitssituation ist für den Projekterfolg entscheidend.

Das Projektteam wird umso besser funktionieren, je mehr es gelingt, eine Arbeitssituation zu schaffen, die den sozialen Austausch und die sozialen Beziehungen zwischen den Mitgliedern fördert. Dies schafft die Anschlussmotivation. Gleichzeitig soll das Projekt den Mitarbeitern ermöglichen, ihre Leistungsfähigkeit und ihre Leistungsbereitschaft zu zeigen, also die sogenannte Leistungsmotivation zu entwickeln. Eine solche Arbeitssituation entsteht nur selten von allein, sie muss geschaffen werden. Dafür sollte der Projektleiter Aspekte der Teamentwicklung nutzen.

### Für einen guten Start sorgen

Für das erste Treffen des vorläufigen Projektteams sollten die Verantwortlichen sehr viel Zeit einplanen, zudem ist es wichtig, dass sie es gut vorbereiten. Je bedeutender das

Projekt innerhalb des Unternehmens oder der Organisation ist, umso wichtiger sein Start. Ein sorgfältiger Einstieg vermeidet viele Probleme in der Folgezeit. Für ein großes Projekt ist es nicht übertrieben, das Projektteam für einen ganzen Tag an einem angenehmen Ort zu versammeln, an dem die Beteiligten gut arbeiten und auch entspannen können. Das Minimum aber ist ein halber Tag.

### Gute Arbeitsbedingungen schaffen

Arbeitsbedingungen zeigen den Stellenwert eines Projekts.

Gute Arbeitsbedingungen und eine gute Ausstattung zeigen, welchen Stellenwert das Projekt hat, und wirken sich positiv auf das Arbeitsklima aus. Zu den Arbeitsmöglichkeiten gehören:

- ein Raum, der genug Platz für die Besprechung im Plenum und für die Arbeit in Kleingruppen bietet,
- die Möglichkeit, Tische in Hufeisenform anzuordnen und für andere Arbeitssituationen umzugruppieren,
- eine Leinwand für die Projektion von Präsentationsmaterialien,
- mehrere Pinnwände (Metaplantafeln),
- zwei Flipcharts mit mehreren Papierblöcken,
- ausreichend Moderationsmaterialien in Form von Karten, Stiften, Nadeln und so weiter
- sowie die Präsentationstechnik, also ein Overheadprojektor oder ein Beamer.

Für das Projektteam sollten zudem Getränke vorhanden sein.

## Eigene Räumlichkeiten

Es ist vorteilhaft, wenn das Projektteam einen eigenen Raum zur Verfügung hat, der nur für das Projekt genutzt wird. Dann können Materialien bis zur nächsten Besprechung liegen bleiben und Pläne an den Wänden aufgehängt werden. Das Team kann so unterbrochene Arbeiten nahtlos wieder aufnehmen.

**Tagesordnung der konstituierenden Besprechung**
Die Tagesordnung für die erste Besprechung eines neu gebildeten Projektteams kann folgende Punkte enthalten:
1) Begrüßung
2) Persönliche Vorstellung
3) Präsentation des Projektauftrags
4) Rahmen der Teambesprechungen
5) Regeln für die Zusammenarbeit im Projektteam
6) Klärung des Projektauftrags
7) Nächste Schritte
8) Auftragsliste
9) Feedback zur Besprechung

**Tagesordnungspunkt 1: Begrüßung**

Wertschätzung ausdrücken

Die Begrüßung durch die Projektleitung sollte wertschätzend für alle Projektteammitglieder sein. Ziel ist es, die Anwesenden für das Projekt zu gewinnen. Dazu erläutert der Projektleiter, welche Bedeutung das Projekt für das Unternehmen beziehungsweise die Organisation besitzt. Er beschreibt den Stellenwert, den es für die künftige Entwicklung hat, und seine Priorität im Verhältnis zu anderen Projekten und Aufgaben. Nicht zuletzt versichert er den Anwesenden, dass ihre Fachkompetenz und ihre Erfahrung wichtig für das Gelingen des Projekts sein werden.

**Tagesordnungspunkt 2: Persönliche Vorstellung**

Der Gruppenspiegel ist eine geeignete Methode, die Teammitglieder bekannt zu machen.

Die Vorstellung der Mitglieder des Projektteams sollte deutlich machen, wie wichtig jeder Einzelne für das Projekt ist. Deshalb sollte die persönliche Vorstellung den Charakter des Besonderen haben und die Distanz zwischen den anwesenden Personen verringern. Dafür eignet sich zum Beispiel der Gruppenspiegel sehr gut, eine eher wenig verbreitete Moderationsmethode. Sie bietet sich besonders für Teams an, die über einen längeren Zeitraum eng zusammenarbeiten müssen – also auch für Projektteams. Dabei stellen sich nicht nur die Projektteammitglieder vor, gleichzeitig werden die Inhalte dieser Vorstellung auch visualisiert und stehen damit den Teammitgliedern künftig zur Verfügung. Die Kategorien des Gruppenspiegels werden vom Projektleiter in seiner Rolle als Moderator bestimmt und vorbereitet. Jedes Projektteammitglied kann zum Beispiel folgende Inhalte ansprechen:

Mögliche Kategorien des Gruppenspiegels

- Person
- Name, Alter und äußerliches Merkmal
- Stellung im Unternehmen beziehungsweise in der Organisation
- Funktion im Unternehmen beziehungsweise in der Organisation, berufliche Entwicklung, derzeitige Arbeitsschwerpunkte, aktuelle Belastungssituation
- Beitrag zum Projekt
- Fachliche Schwerpunkte und Möglichkeit, Arbeit ins Projekt einzubringen
- Persönliche Eigenschaften
- Hobbys, bemerkenswerte Eigenschaften und Bild, das zur Person passt

Der Projektleiter pinnt dafür schon im Vorfeld ovale Karten an die Metaplanwand. Seine eigenen Angaben schreibt er auf weiße, rechteckige Karten und hängt sie als Beispiel unter die ovalen Karten. Alle ankommenden Mitglieder des Projektteams werden gebeten, ebenfalls Karten auszufüllen und an die Pinnwand zu heften. Wenn alle Beteiligten anwesend sind und ihre Karten ausgefüllt haben, stellt sich der Projektleiter neben der Pinnwand anhand seiner Karten vor. Dabei ist erwünscht, dass die anderen Teilnehmer weitere Fragen stellen. Anschließend bittet der Projektleiter die anderen Teilnehmer nach vorn, um sich ebenfalls vorzustellen. Sollten die Projektteammitglieder keine zusätzlichen Fragen stellen, fragt er selbst nach, um den Prozess in Gang zu bringen. Der Vorteil des Gruppenspiegels ist, dass die Mitglieder des Projektteams schon bei ihrer Vorstellung aktiv werden und keiner passiv am Tisch sitzen bleibt.

**Tagesordnungspunkt 3: Präsentation des Projektauftrags**

Motivation steht im Vordergrund.

Eine gut vorbereitete Präsentation des Projektauftrags durch den Projektleiter motiviert die Projektmitarbeiter.

Ziel dabei ist, die Projektziele und die Rahmenbedingungen des Projekts so darzustellen, dass Motivation für die Projektarbeit entsteht. Die wesentlichen Punkte sind:

- Bedeutung des Auftrags für das Unternehmen
- Hintergründe, warum das Projekt durchgeführt wird
- Gründe, warum die Anwesenden eingeladen wurden, das Projekt durchzuführen

Vorstellung der bekannten Details

Darüber hinaus stellt der Projektleiter alle vorläufigen Teilziele, Projektinhalte sowie die Budgetvorstellungen, wie sie sich in den Vorüberlegungen des Auftraggebers bis jetzt entwickelt haben, vor. Er erläutert die erste Fassung des schriftlichen Projektauftrags in allen Punkten und händigt ihn den Anwesenden aus.

Für die Projektteammitglieder ist es wichtig, zu wissen, welche Entscheidungen die Projektleitung und das Projektteam selbstständig treffen können. Daher erläutert der Projektleiter die vorläufigen Kompetenzrahmen, wie sie der Auftraggeber bislang festgelegt hat.

Wenn die betroffenen Linienvorgesetzten über das Projekt informiert wurden, geht der Projektleiter auch auf diesen Punkt ein und begründet die Entscheidungen des Auftraggebers, Personalressourcen für das Projekt freizustellen.

Im Anschluss an die Präsentation beantwortet der Projektleiter ausführlich Fragen zu den dargestellten Inhalten aus dem Teilnehmerkreis. Fragen, die bei der Klärung des Projektauftrags eine Rolle spielen, werden auf einem Poster gesammelt, um sie in einer späteren Arbeitsphase zu bearbeiten.

### Tagesordnungspunkt 4: Rahmen der Teambesprechungen

Wie laufen die Teambesprechungen ab?

Im nächsten Punkt erläutert der Projektleiter, wie die Projektteambesprechungen ablaufen sollen. Dazu gehören die wiederkehrenden Tagesordnungspunkte, Häufigkeit sowie Zeitpunkte der geplanten Teambesprechungen und die Form der Berichterstattung aus den aktuell laufenden Arbeitspaketen des Projekts. Der Erfolg des Projekts hängt vom Erfolg der Besprechungen ab, deshalb ist dieser

Tagesordnungspunkt bei der konstituierenden Sitzung sehr wichtig. Die Besprechungen des Projektteams sind das wichtigste Kommunikationsmittel, um alle am Projekt Beteiligten zu koordinieren. Wenn in dem Unternehmen oder der Organisation ein Projekthandbuch existiert, sind darin weitere Festlegungen enthalten, die standardmäßig für alle Projekte der Organisation gelten.

### Tagesordnungspunkt 5: Regeln für die Zusammenarbeit im Projektteam

Welche Regeln sollen im Team gelten?

Noch bevor das Projektteam in die inhaltliche Projektarbeit einsteigt, legen die Beteiligten die Regeln der Zusammenarbeit fest. Diese Aufgabe wird oft unterschätzt oder gar als Zeitverschwendung angesehen. Das Gegenteil ist der Fall: Es lohnt sich, Zeit in die Aufstellung von Regeln der Zusammenarbeit zu investieren. In der Folge macht sich dies mehrfach bezahlt: Viele Missverständnisse, Konflikte, Klärungen und Einzelvereinbarungen können dadurch vermieden werden. Alle Teams entwickeln im Lauf der Zeit solche Regeln. Aber es ist besser, sie in einem strukturierten Prozess gemeinsam zu erarbeiten.

### Tagesordnungspunkt 6: Klärung des Projektauftrags

Einstieg in die inhaltliche Projektarbeit

Mit der Klärung des Projektauftrags beginnt die inhaltliche Arbeit im Projekt. Dieses befindet sich zwar noch in der Definitionsphase, aber der Projektleiter hat die erste Fassung des Projektauftrags bereits vorgestellt. Gemeinsam mit dem Projektteam erarbeitet er nun einen Katalog von Fragen und Empfehlungen, die er anschließend dem Auftraggeber zur Entscheidung vorlegt.

Das Projektteam trägt zunächst die spontan entstehenden Fragen zu diesem Projekt zusammen, um sich dann arbeitsteilig an die Diskussion und Vertiefung der einzelnen Fragenkomplexe zu wagen. Die erste Sammlung von Fragen wird bestimmt von der Expertise der anwesenden Projektteammitglieder – jeder stellt die Fragen, die seinem Fachwissen und seiner Erfahrung entsprechen.

## Muster Fragenkatalog zur Klärung des Projektauftrags

### Fragenkatalog Neubau Parkhaus Klinikum

**1. Standort**

1) Gibt es Alternativen?
2) Welche Vorgaben der Bebauungsplanung sind zu beachten?
3) Welche Größe hat das Grundstück?
4) Andienungsmöglichkeit?
5) Anbindung an Klinikum?
6) Emissionsgutachten?
7) Verkehrsbelastungszahlen?
8) Vorhandene Stellungnahmen?
9) Erschließungszustand?

**2. Größe des Parkhauses**

1) Nutzerkreis?
2) Fahrzeugarten?
3) Nebennutzung?
4) Berechnungsgrundlagen für Anzahl der Stellplätze?
5) Anzahl der Behindertenstellplätze?

**3. Eröffnungstermin**

1) Alternativen?
2) Priorität des Projekts?

**4. Kostenrahmen**

1) Förderung des Projekts?
2) Zusammensetzung der Fördergelder?

**5. Ausführungsplanung und Projektsteuerung**

1) Zusammensetzung des Projektteams?
2) Entscheidungsbefugnisse?
3) Personalressourcen? Erweiterung?
4) Vorhandene Planung?
5) Referenzobjekte?
6) Vorhandene Gutachten?

Wie geht es weiter?

### Tagesordnungspunkt 7: Nächste Schritte

Die nächsten Schritte beschreiben den tieferen Einstieg ins Projekt. Sie hängen davon ab, welche Fortschritte das Projektteam in der konstituierenden Besprechung gemacht hat. Wenn der Fragenkatalog für den Auftraggeber und die Entscheidungsempfehlungen noch nicht fertiggestellt sind, ist dies der erste Arbeitsauftrag an die Projektgruppenmitglieder. Sie beschäftigen sich dann arbeitsteilig mit den in der Besprechung begonnenen Fragenkomplexen und bringen die Ergebnisse zur nächsten Besprechung mit.

Zugleich holen die einzelnen Arbeitsteams zusätzliche Informationen ein, die für die Klärung des Projektauftrags relevant sein könnten. So können sie im Beispiel »Neubau Parkhaus« schon Informationen aus dem ersten Fragekomplex beschaffen. Die Verantwortlichen können klären, ob ein Emissionsgutachten oder Verkehrsbelastungszahlen vorliegen, ob bereits Stellungnahmen zum Bauprojekt eingegangen sind, wie der aktuelle Erschließungszustand des Baugrunds ist und so weiter.

Wer sollte im Projekt mitarbeiten?

Weiterhin kann der Projektleiter an alle den Auftrag geben, sich über die optimale Zusammensetzung des Projektteams Gedanken zu machen. Dabei geht es nicht darum, ein möglichst großes Projektteam zusammenzustellen, sondern eines, das arbeitsfähig ist und gleichzeitig alle wesentlichen fachlichen Kompetenzen vereint.

**Vorschlag zur Zusammensetzung des Projektteams**

- Städtisches Klinikum
- Baudezernat
- Tiefbauamt (Verkehr, Technik, Planung)
- Kämmerei
- Planungsamt
- Hochbauamt
- Ingenieurbüro
- Verkehrsbehörde
- Amt für öffentliche Ordnung
- Umweltamt

Ergänzungen zum Fragenkatalog

Das Team diskutiert die Vorstellungen im nächsten Meeting und legt sie dem Auftraggeber zur Entscheidung vor. Bis zu diesem Zeitpunkt stellen die Beteiligten auch den begonnenen Fragenkatalog fertig. Ergänzende Fragen der einzelnen Kleingruppen und Fragen, die sich zusätzlich im Zuge der Informationsbeschaffung ergeben, werden im Projektteam formuliert.
Die nächsten Schritte, die im Projekt anfallen, sollten in der konstituierenden Besprechung visualisiert werden. Diese Punkte sind zugleich Grundlage für die Tagesordnung der nächsten Besprechung.

**Die nächsten Schritte im Projekt »Neubau Parkhaus«**

- Vervollständigung Fragenkatalog
- Informationsbeschaffung zu vorliegenden Unterlagen
- Aufnahme zusätzlicher Fragen, die sich daraus ergeben
- Bestimmung begleitendes Projektteammitglied
- Klärung der Fragen beim Auftraggeber
- Information des Projektteams
- Endgültige Zusammenstellung des Projektteams
- Projektplanung (zuerst Projektstrukturplan)

Es ist keineswegs übertrieben, diese Punkte für alle sichtbar aufzuschreiben. Der offenkundige Fortgang der Arbeit im Projekt motiviert alle Beteiligten und führt zu mehr Ergebnisorientierung. Zugleich können die Mitglieder der Projektgruppe an der Liste mitarbeiten und eigene Ideen beisteuern.
Der Projektleiter sollte alle Beiträge, die vom Projektteam kommen, aufnehmen, auch wenn er selbst bereits an diese Punkte gedacht hat. Das einzelne Mitglied erkennt so von Anfang an, dass seine Beiträge wichtig für das Fortschreiten der Projektarbeit sind.

### Tagesordnungspunkt 8: Auftragsliste

Auftragsliste für alle sichtbar aufhängen

Vom ersten Treffen des Projektteams an hängt eine Auftragsliste als Poster im Raum – auch wenn diese zunächst leer ist. Immer, wenn ein Projektteammitglied einen Auftrag erhält, wird dies in die Liste eingetragen. Am Ende jeder Besprechung rekapituliert das Team die Aufträge und ergänzt sie, falls dies nötig sein sollte.

**Tagesordnungspunkt 9: Feedback zur Besprechung**

Von Beginn an Erfolgserlebnisse ermöglichen

Die erste Projektgruppenbesprechung sollte ein bewusstes und für alle erlebbares Ende haben. Dabei geht es darum, den Projektteammitgliedern Erfolgserlebnisse durch das, was sie bereits erreicht haben, zu verschaffen. Sie können sich vergegenwärtigen, was noch zu tun ist, und wahrnehmen, welche Aufgaben sie schon bewältigt haben. Der Abschluss vollzieht sich auf drei Ebenen:

1) Zusammenfassung des inhaltlichen, sachlichen Ergebnisses der Besprechung
2) Reflektieren des Prozesses, durch den dieses Ergebnis zustande gekommen ist
3) Mitteilen der Gefühle, mit denen die Teilnehmer aus dem Raum gehen, also des Grads der Zufriedenheit oder der Unzufriedenheit

Es ist sowohl für den Projektleiter als auch für die Projektgruppe wichtig, sich klarzumachen, wie das Ergebnis der Besprechungsleitung beziehungsweise Moderation eingeschätzt wird. Dazu sollten sich alle Anwesenden die Fragen stellen: »Wie zufrieden bin ich mit unserer Zusammenarbeit? Und wie zufrieden bin ich mit unserem Ergebnis?«

Will die Gruppe so weiterarbeiten oder soll das Vorgehen geändert werden?

Gerade in Projektgruppen, die bislang noch nicht in dieser Zusammensetzung gemeinsam gearbeitet haben, sind diese Fragen sinnvoll. Der Projektleiter kann daraus ersehen, ob die Gruppe in gleicher Weise fortfahren will oder nicht. Selbstverständlich kann er sich mit dieser Frage auch das Erfolgserlebnis verschaffen, das er nach einer guten Moderation verdient. Er sollte aber auch offen für Kritik sein, die an dieser Stelle erfolgen kann. Einwände einzelner Teilnehmer müssen nicht unbedingt zu einer Änderung der Methodik führen.

Die einfachste Form der Rückmeldung ist eine Momentaufnahme, das Blitzlicht, das mit folgenden Fragen durchgeführt werden kann:

Fragen im Blitzlicht

- Was war mir wichtig?
- Was möchte ich den anderen Teilnehmern noch sagen?
- Was habe ich mir vorgenommen?
- Mit welchen Gefühlen verlasse ich den Raum?

Die Rückmeldungen der Teilnehmer sollten nicht an Ort und Stelle diskutiert werden. Aber es ist sinnvoll, wenn der Projektleiter sie mit Interesse entgegennimmt. Vielleicht ergibt sich daraus ein Hinweis, wie er die Bedürfnisse der Teilnehmer noch besser mit den Erfordernissen der Projektarbeit in Einklang bringen kann.

### Regeln für die Zusammenarbeit entwickeln

Regeln gemeinsam erarbeiten

Um die Regeln, die für die Teamzusammenarbeit gelten sollen, gemeinsam zu erarbeiten, bietet sich zum Beispiel die Methode des Brainstormings an. Sie ermöglicht eine intensive Auseinandersetzung mit den Bedürfnissen aller Mitglieder des Projektteams. Die Methode des Brainstormings stellen wir später vor.

### Komoderator einbinden

Sammlung von Regelvorschlägen

Im ersten Schritt sind alle Anwesenden aufgefordert, Regelvorschläge zu machen. Der Projektleiter sollte sich einen Komoderator aus dem Projektteam suchen, der ihn entlastet. Damit kann er sich ganz auf das Team konzentrieren und sicherstellen, dass die Kommunikationsregeln eingehalten werden. Der Komoderator hat die Aufgabe, alle Nennungen der Teammitglieder auf einem Poster so mitzuschreiben, dass es jeder lesen kann. Er fragt nach, wenn einer der Anwesenden eine Regel zu umfangreich oder nicht eindeutig beschreibt. Am besten lässt er sich die Stichworte nennen, unter denen er den Vorschlag notieren soll. Der Komoderator schreibt zweizeilig. So kann er später noch Zusatzinformationen zu den vorgeschlagenen Regeln nachtragen. Am Ende einer jeden Zeile lässt er Platz für Frage- oder Blitzzeichen. Fragezeichen stehen für einen weiter gehenden Informationsbedarf, Blitzzeichen für einen Diskussionsbedarf. Diese Symbole werden von den Projektteammitgliedern angebracht.

Alle Vorschläge werden notiert.

Diskussions- und Informationsbedarf kennzeichnen

Offene Fragen klären

Regeln vereinbaren

**Vorschläge sammeln und bewerten**

1) Der Komoderator notiert alle Regelvorschläge. Er schreibt auch jene Nennungen auf, die keine Regel im Wortsinn darstellen, aber ein Bedürfnis des Teilnehmers widerspiegeln (zum Beispiel: »Probleme offen besprechen«).
2) Der Moderator bittet die Anwesenden, Fragezeichen und eventuell Blitzzeichen zu platzieren. Dazu kommen die einzelnen Teilnehmer nach vorn. Dieser Zwischenschritt verhindert eine ungeordnete Diskussion. So ist es möglich, zunächst die Fragezeichen und dann die Blitzzeichen abzuarbeiten.
3) Das Projektteam bespricht zuerst die Punkte, bei denen ein weiter gehender Informationsbedarf besteht. Die Urheber der jeweiligen Vorschläge beantworten die offenen Fragen selbst. Die Fragesteller erklären sich anschließend mit dem Regelvorschlag einverstanden oder signalisieren mit einem Blitzzeichen, dass sie diesen Punkt später noch diskutieren wollen. Der Komoderator notiert die ergänzenden Informationen in der Zeile direkt unter dem Vorschlag. Wenn die Beteiligten alle Fragezeichen abgearbeitet haben, werden die Blitzzeichen besprochen, also die Punkte, bei denen die Teilnehmer sich noch nicht einig sind. Der Komoderator hält alle Modifikationen in der Kommentarzeile auf dem Poster fest, das Blitzzeichen wird abgehakt. Bei Regelvorschlägen, die weder mit Frage- noch mit Blitzzeichen versehen sind, fragt der Komoderator, was mit ihnen genau gemeint ist. Eventuell hat aber der Urheber des Vorschlags die erklärenden Informationen hier auch gleich mitgeliefert. Allen Regeln mit »O. K.« hat das Projektteam zugestimmt.
4) Das Projektteam vereinbart alle geklärten, diskutierten und eventuell modifizierten Regelvorschläge, die übrig geblieben sind, als festen Bestandteil der Zusammenarbeit.

Selbstverständlich dürfen auch die Moderatoren eigene Regelvorschläge einbringen. Der Projektleiter sollte sich aber zu Beginn zurückhalten. Es ist wichtig, dass zunächst die Projektteammitglieder die Initiative ergreifen.

**Regeln festlegen**

Sichtbare Regeln vermindern den Lenkungsbedarf.

Nur Regeln, die alle Projektteammitglieder akzeptieren, können verbindlich festgelegt werden.
Ein Mitglied des Projektteams schreibt die Regeln, die für die Zusammenarbeit gelten sollen, sauber auf ein Poster. Dieses Poster begleitet alle Besprechungen des Projektteams – es hängt an der Wand des Besprechungsraums. Manche Projektteams unterstreichen den verbindlichen Charakter der Regeln noch dadurch, dass alle Projektteammitglieder auf dem Poster unterschreiben. Einige Projektteams legen darüber hinaus Sanktionen fest, falls ein Teilnehmer wiederholt gegen Regeln verstößt.

## Eigene Regeln für jedes Projekt

Das so entstandene Regelwerk muss in jedem Projektteam neu erschaffen werden. Die Motivation, sich an selbst aufgestellte Regeln zu halten, ist ungleich größer als die Bereitschaft, fremdbestimmte Regeln zu beachten.

## Muster Regelkatalog für die Zusammenarbeit

| Vorgeschlagene Regel | ? / ⚡ | O.K. |
|---|---|---|
| Termintreue<br>Projektbesprechungen haben Priorität.<br>Übernommene Arbeiten werden pünktlich erledigt. | ??? | ✓ |
| Pünktlichkeit (Beginn und Ende)<br>Besprechungsbeginn maximal fünf Minuten verzögert<br>Gilt für Projektteam und alle Untergruppen | ?? | ✓ |
| Frühzeitig absagen<br>Mindestens am Vortag, Vertreter mit Entscheidungsbefugnis schicken | ? ⚡ | |
| Termine rechtzeitig anberaumen<br>Mindestens drei Tage vorher; Bestätigungen umgehend senden | ? | ✓ |
| Sich gegenseitig unterstützen<br>Probleme in einem Projektbereich gehen alle an. Wer etwas beitragen kann, tut dies. | | ✓ |
| Entscheidungen gemeinsam treffen<br>Deutlich machen, wann das Projektteam entscheiden kann, wann die Entscheidung bei der Projektleitung bleibt | ⚡ ⚡ | ✓ |
| Effizient arbeiten<br>Ergebnisorientiert diskutieren<br>Strukturierende Moderationsmethoden nutzen | | ✓ |
| Kurze Redebeiträge<br>Moderator achtet auf Themenbezug und kurze Beiträge, er drängt auf die Einhaltung der Berichtszeiten. | ?? ⚡ | ✓ |
| Kommunikationsregeln beachten<br>Ausreden lassen<br>Reihenfolge der Wortmeldungen beachten | ? | ✓ |
| Respekt<br>Teammitglieder genießen den Respekt der anderen Teilnehmer, abfällige Bemerkungen unterbleiben. | | ✓ |
| Zuhören<br>Bereitschaft, konzentriert zuzuhören<br>Verstehen kommt vor Widerspruch. | ?? | ✓ |
| Pausen<br>Wenn Konzentration nachlässt, spätestens nach einer Stunde | ⚡ | ✓ |
| Handy ausschalten<br>Stumm schalten und in der Pause zurückrufen | ⚡ ⚡ ⚡ | |

Wie werden die verschiedenen Vorschläge behandelt?

Das vorläufige Projektteam hat Regelvorschläge zusammengetragen und diskutiert:

- Der Vorschlag »Frühzeitig absagen« fand nach kurzer Diskussion keine Zustimmung. Zwei Teammitglieder müssen eventuell auch kurzfristig absagen, selbst wenn dies nur selten der Fall sein wird.
- Nach intensiver Diskussion wurde der Regelvorschlag »Kurze Redebeiträge« angenommen. Die betreffenden Projektteammitglieder begründeten ihren Widerstand dagegen damit, dass einige Sachverhalte im Projekt so komplex seien, dass eine kurze Darstellung nicht machbar sei. Das Projektteam einigte sich darauf, längere Redebeiträge im Bedarfsfall zuzulassen, die Regel aber grundsätzlich beizubehalten.
- Die Raucher im Projektteam haben zunächst die vorgeschlagene Pausenregel abgelehnt. Erst als dieser Vorschlag durch »Wenn Konzentration nachlässt« erweitert wurde, nahmen sie ihn an.
- Keine Einigung gab es bei den Handys. Der Komoderator hat als Regelvorschlag notiert: »Handy ausschalten«. Das führte zu Diskussionen, weil einige der vorläufigen Projektteammitglieder aus zwingenden Gründen erreichbar sein müssen. Sie ließen sich nicht davon überzeugen, Rückrufe erst in der nächsten Pause durchzuführen.

## Entscheidungen des Auftraggebers

Termin zur Klärung des Projektauftrags beim Auftraggeber

Der fertige Fragenkatalog wird dem Auftraggeber präsentiert. Der Projektleiter geht zusammen mit einem Mitglied des vorläufigen Projektteams zum Auftraggeber, um den Projektauftrag zu klären. Er präsentiert die ersten Vorüberlegungen des Projektteams und erläutert den Fragenkatalog. Der Projektmitarbeiter erfüllt die Funktion des Komoderators, stellt zusätzliche, klärende Fragen und visualisiert die erhaltenen Antworten beziehungsweise die vom Auftraggeber getroffenen Entscheidungen.

Fragenkatalog mit Lösungsvorschlägen und Empfehlungen

### Fragenkatalog klären

In diesem Meeting erwartet der Auftraggeber in der Regel, dass ihm nicht nur Fragen, sondern gleichzeitig Lösungsvorschläge und Empfehlungen aus dem Projektteam präsentiert werden. Immerhin ist dort die Fachkompetenz gebündelt.

### Annehmen, modifizieren oder ablehnen

Der Fragen- und Vorschlagskatalog enthält bereits erste konkrete Anforderungen und Umsetzungsideen, wie das Projekt zu realisieren ist. Der Auftraggeber kann diese Ideen annehmen, modifizieren oder ablehnen.
Wenn das Projektteam Fragen formuliert hat, muss es unter Umständen mit gewissen Verzögerungen rechnen. Denn nicht immer wird der Auftraggeber für die Fragen sofort Antworten parat haben. Vielmehr ist bei Problemen oft eine Recherche notwendig.

Alle Beteiligten auf dem gleichen Stand halten

### Ergebnisse schriftlich festhalten

Wichtig ist, sicherzustellen, dass alle Beteiligten die Besprechung mit den gleichen Ergebnissen verlassen. Dazu notiert der Komoderator alle Antworten des Auftraggebers. Diese Liste gilt es, in der Folgezeit konsequent und ergebnisorientiert im Projektteam abzuarbeiten.

## Einstieg in die konkrete Projektplanung

Mit der Klärung des Projektauftrags erfolgt zugleich der Planungsbeschluss des Auftraggebers, das Projektteam kann also ab sofort in die konkrete Projektplanung einsteigen.

## Muster Antworten/Entscheidungen des Auftraggebers

### Antworten/Entscheidungen Neubau Parkhaus Klinikum

**1. Standort**

1) Keine Alternativen zum Standort
2) Bebauungsplan beim Planungsamt einsehen
3) Grundstücksgröße entspricht den Standardwerten
4) Bei Verkehrsbehörden nachfragen, ein bis zwei Varianten einplanen
5) Sichere Fußwege über Parkdecks, Zugänge für Rollstuhlfahrer
6) Feststellen, ob vorhanden
7) Gutachten existiert (Fax kommt)
8) Keine Stellungnahmen vorhanden
9) Vor Ort feststellen, bei Behörde feststellen

**2. Größe des Parkhauses**

1) 30 Ärzte, Bedienstete, Besucher, hohe Wechselfrequenz
2) Pkw, Kleinbusse, Sanitätswagen
3) Keine Nebennutzung
4) Gutachten kommt, kein künftiger Ausbau geplant
5) Vorgeschriebene Zahl plus 30 Prozent

**3. Eröffnungstermin**

1) Termin fix
2) Keine Festlegung

**4. Kostenrahmen**

1) Förderung hier irrelevant
2) dito

**5. Ausführungsplanung und Projektsteuerung**

1) Vorschlag der Projektgruppe angenommen
2) Im Rahmen der genehmigten Pläne
3) In Abstimmung mit Auftraggeber; Konflikte ebenfalls
4) Projektgruppe
5) Recherche der Projektgruppe
6) Keine

Der Planungsbeschluss stellt den Startschuss für die konkrete Projektplanung dar. Nun beginnt das Projektteam damit, die einzelnen Planungsinstrumente zu entwickeln und das Vorhaben umzusetzen.

### Die Information des Projektteams

Der Komoderator präsentiert die Ergebnisse der Besprechung.

Die Ergebnisse der Besprechung beim Auftraggeber werden im Projektteam vorgetragen und besprochen. Die Präsentation überlässt der Projektleiter am besten seinem Begleiter, die Besprechung der Ergebnisse mit den daraus resultierenden Aufgaben moderiert er selbst. Beide geben Zusatzinformationen und erläutern, welche Folgen für die Projektarbeit aus den Beschlüssen entstehen können.

### Besprechung nach dem Planungsbeschluss

Die Besprechung des Projektteams, die auf den Planungsbeschluss folgt, hat vor allem ein Ziel: Alle Beteiligten sollen detaillierte Informationen erhalten, welche Entscheidungen der Auftraggeber hinsichtlich des Fragenkatalogs getroffen hat.

Mögliche Tagesordnungspunkte?

Die Tagesordnung dieser Besprechung könnte folgende Themen enthalten:
1) Protokoll/Auftragsliste (Kontrolle Auftragserfüllung)
2) Präsentation der beim Auftraggeber erzielten Ergebnisse
3) Klärung von Informationsfragen zu den Ergebnissen
4) Bewertung – Folgerungen
5) Planung des Projekts (Projektstrukturplan)
6) Protokoll/Auftragsliste (neue Aufträge)
7) Feedback zur Besprechung

### Tagesordnungspunkt 1: Protokoll/Auftragsliste (Kontrolle Auftragserfüllung)

Visualisierte Ergebnisse kopieren und anhängen

Das schriftliche Protokoll enthält im Wesentlichen den formalen Rahmen mit Datum und den Namen der Anwesenden. Sinnvoll ist es, alle visualisierten Arbeitsergebnisse und alle erstellten Dokumente, also die Auftragsliste, den Fragenkatalog, die Liste mit Empfehlungen und so weiter, zu fotografieren und auf DIN-A4-Papier zu kopieren. Dann kann die übrige Mitschrift sehr kurz gehalten werden, denn es fehlen nur noch diejenigen Zusatzinformationen, die aus den visualisierten Ergebnissen nicht hervorgehen. Zu Beginn der Sitzung kontrollieren die Verantwortlichen, ob die Aufträge aus der letzten Besprechung, die die Teammitglieder bearbeiten sollten, auch tatsächlich erledigt sind. Das Projektteam schreibt die Auftragsliste fort, sodass in jeder Besprechung sofort zu sehen ist, was bearbeitet wurde und was noch aussteht. Die visualisierte Auftragsliste führt zu einem hohen Grad an Zuverlässigkeit bei der Auftragserledigung.

**Tagesordnungspunkt 2: Präsentation der beim Auftraggeber erzielten Ergebnisse**

Was hat der Auftraggeber beschlossen?

Als Nächstes berichten der Projektleiter und das Teammitglied, das ihn zum Meeting beim Auftraggeber begleitet hat, welche Punkte dort besprochen und welche Ergebnisse erzielt wurden. Dabei ist es sinnvoll, wenn das begleitende Projektteammitglied die eigentliche Präsentation übernimmt. Der Projektleiter sollte sich darauf konzentrieren, die folgende Aussprache und Diskussion zu moderieren.

**Tagesordnungspunkt 3: Klärung von Informationsfragen zu den Ergebnissen**

Erst informieren, dann diskutieren

Im Anschluss an die Präsentation folgt die Besprechung der Entscheidungen des Auftraggebers. Dabei empfiehlt es sich, strukturiert vorzugehen: Die Projektteammitglieder erhalten zunächst Antworten auf eventuell bestehende Informationsfragen. Erst dann sollten die Beteiligten die Entscheidungen bewerten, diskutieren und die Schlussfolgerungen für den Projektverlauf abwägen (siehe Tagesordnungspunkt 4).
Was so selbstverständlich klingt, ist leider oft sehr schwierig einzuhalten. Zu groß ist die Neigung, einzelne Punkte verfrüht zu diskutieren.

Der Projektleiter kann viele Missverständnisse und überflüssige Einwände vermeiden, wenn er darauf achtet, dass zunächst nur Informationsfragen beantwortet werden. Es ist die Entscheidung des präsentierenden Teammitglieds, ob die anderen Sitzungsteilnehmer Fragen schon während seines Vortrags stellen können, oder ob diese erst nach der Präsentation gesammelt und im Zusammenhang beantwortet werden.

Welche Grenzen setzt der Auftraggeber?

**Tagesordnungspunkt 4: Bewertung – Folgerungen**

Wenn alle Fragen geklärt sind, folgt eine kurze Runde, in der alle Projektgruppenmitglieder ihre Bewertung zu einzelnen Festlegungen abgeben. Dabei sollten alle Beteiligten berücksichtigen, dass die Entscheidungen des Auftraggebers feststehen und Ausgangspunkt für die Projektarbeit sind. Es ist die Aufgabe des Projektleiters, die Spielräume für die eigene Gestaltung zu beschreiben und deutlich zu machen, wo Grenzen gesetzt sind, die infrage zu stellen sich nicht lohnt.

**Tagesordnungspunkt 5: Planung des Projekts (Projektstrukturplan)**

Gründliche Arbeit beim Projektstrukturplan spart viele Korrekturen.

Ausgangspunkt aller Planungen im Projekt ist der Projektstrukturplan. Ihn zu erstellen, ist die nächste Aufgabe (siehe unten). Wer hier gründlich und sorgsam arbeitet, erspart sich später viele Korrekturen. Ziel des Projektstrukturplans ist es, möglichst alle Arbeitsvorgänge im Projekt zu erfassen und in eine übersichtliche Struktur zu bringen.

**Tagesordnungspunkt 6: Protokoll / Auftragsliste (neue Aufträge)**

Beschaffung von Zusatzinformationen zu Arbeitspaketen und Ressourcen

Am Ende dieser Projektgruppenbesprechung werden viele Aufträge an die Teilnehmer gehen. Die meisten von ihnen konzentrieren sich auf die Informationsbeschaffung, um den Projektstrukturplan zu vervollständigen. Ein zweiter Schwerpunkt der verteilten Aufgaben kann sein, Informationen zu den nötigen Ressourcen zu recherchieren. Alle diese Aufträge dienen der Vervollständigung und Optimierung der Projektplanung.

**Tagesordnungspunkt 7: Feedback zur Besprechung**

Es ist sinnvoll, die Zusammenarbeit zu reflektieren.

Gerade zu Beginn der gemeinsamen Projektarbeit ist es sinnvoll, ein Feedback zur gemeinsamen Sitzung einzuholen. So merken die Projektgruppenmitglieder, dass sie die Arbeitsweise im Team beeinflussen können. Ziel ist es, Kommunikationsstörungen zu identifizieren und auszuschalten.

Dabei sollten die Teilnehmer nicht nur dem Projektleiter Rückmeldung geben, sondern auch den Kollegen im Team. Der Projektleiter muss darauf achten, dass die Rückmeldungen sachbezogen, fair und akzeptabel vorgebracht werden.

## Den Projektstrukturplan erarbeiten

Das erste Ziel beginnender Projektarbeit muss es sein, möglichst alle im Projekt zu erwartenden Arbeiten zu sammeln. Dazu ist die Mitarbeit aller Teammitglieder unabdingbar.

**Arbeitspakete mit der Kartenabfrage zusammentragen**

Antworten auf eine präzise Frage

Die empfohlene Moderationsmethode für die Sammlung der anstehenden Aufgaben ist die Kartenabfrage. Hierbei beantworten die Teilnehmer eine präzise Frage, indem sie Stichwörter auf Blankokarten schreiben. Die Karten werden im nächsten Schritt nach Zugehörigkeit in Clustern strukturiert. So entstehen Gruppen von Arbeiten, die zusammengehören.

**Vorgehen erläutern**

Die Methode muss erklärt werden.

Ein erfahrener Moderator geht davon aus, dass keine Arbeit so leicht ist, dass sie nicht doch falsch gemacht werden könnte. Im Projektteam sitzen erfahrene und weniger erfahrene Mitglieder. Daher ist es nicht überflüssig, die

gewählte Methode sorgfältig zu erklären und dabei auch ins Detail zu gehen. In moderierten Prozessen werden Arbeitsaufträge grundsätzlich schriftlich festgehalten, damit die Teilnehmer sich auch nach der Erklärung nochmals vergewissern können, dass sie den Auftrag richtig verstanden haben.
Der Moderator sollte die Kartenabfrage zur Erarbeitung des Projektstrukturplans am Flipchart erläutern und visualisieren. So sollte zum Beispiel pro Karte nur ein Arbeitspaket angesprochen werden, der Text pro Karte maximal drei Zeilen lang und möglichst leserlich sein.

**Brain-Writing-Pool**

Antworten aus dem jeweiligen Spezialgebiet

Jedes Projektteammitglied konzentriert sich zunächst auf Antworten aus seinem Fachgebiet und schreibt diese auf Karten. Dafür sind etwa acht Minuten ausreichend. Dann legen alle ihre Karten so in die Mitte des Tisches, dass die anderen sie lesen können. Jetzt ist auch Gelegenheit für einen ersten Austausch mit Kollegen anderer Einsatzgebiete. Wer zu neuen Antworten inspiriert wurde, hält diese auf weiteren Karten fest. Zum Schluss nimmt jeder seine Karten wieder an sich.

**Cluster**

Welche Aussagen gehören zusammen?

Jedes Projektteammitglied kommt an die Pinnwand, zeigt einzeln seine Karten, erläutert die Stichwörter und hängt die Karten an die Pinnwand. Bei der ersten Karte muss noch nichts beachtet werden, aber ab der zweiten Karte und bei allen folgenden sollte direkt geklärt werden, ob sie ein völlig anderes oder ein eng verwandtes Thema ansprechen. Je nach Antwort hängt das Teammitglied die Karten räumlich nah beieinander oder weiter voneinander entfernt auf. Im Zweifelsfall können Karten in dieser Phase auch verdoppelt und zwei Themen zugeordnet werden.

**Überschriften formulieren**

Teilprojekte entstehen.

Erst wenn alle Karten in Clustern untergebracht sind, formuliert das Projektteam dafür Überschriften. Dabei kann es durchaus sinnvoll sein, Karten zu verschieben, weil sie nun nicht zu den Überschriften passen. Doppelungen werden jetzt entfernt. Das Ergebnis sind die Teilprojekte.

Die erarbeitete Struktur dient allen als Grundlage.

**Korrigieren**

In einem letzten Schritt sollten die Beteiligten zu große Cluster teilen und zu kleine Cluster zusammenlegen, überflüssige Karten entfernen und, falls nötig, zusätzliche Karten anbringen. Dieser Vorgang muss vom ganzen Projektteam durchgeführt werden, damit die so erarbeitete Struktur als Grundlage für alle dienen kann. Grundsätzlich sollte hier allein eine sachlogische, nicht aber eine chronologische Struktur angestrebt werden.

Alle Projektteammitglieder sind beteiligt.

**Vorteile der Kartenabfrage**

Die Kartenabfrage bietet viele Vorteile bei der Erarbeitung des Projektstrukturplans:

- Alle Mitglieder des Projektteams sind in hohem Maße aktiv und an der Ausgestaltung beteiligt.
- Innerhalb relativ kurzer Zeit können die Verantwortlichen eine breite und differenzierte Sammlung von Beiträgen erzielen.
- Die Beiträge sind durch den Eintrag auf Karten beweglich und lassen sich leicht strukturieren.
- Alle Teilnehmer stellen ihre eigenen Karten vor und arbeiten an der Entstehung der Gesamtstruktur mit.
- Die gemeinsame Visualisierung sorgt dafür, dass die fachlichen und kreativen Potenziale der Projektgruppe optimal genutzt werden.
- Das vorläufige Arbeitsergebnis lässt sich ergänzen und weiter differenzieren, wenn neue Informationen dazukommen oder eine andere Struktur sinnvoller erscheint.
- Nach der Bildung der Cluster diskutieren kleine Gruppen die Teilergebnisse aus ihrer fachlichen Sicht, es erfolgt eine intensive Auseinandersetzung um die beste Lösung.

Induktives Vorgehen ist zuverlässiger.

### Induktiv Teilprojekte herausarbeiten

Um die Teilprojekte herauszuarbeiten, ist es am effektivsten, induktiv vorzugehen, das heißt vom Speziellen zum Allgemeinen. Dies leistet die Kartenabfrage: Die übergeordnete Kategorie ergibt sich erst aus vielen einzelnen Arbeitspaketen, die offenbar zum gleichen Cluster gehören. Diese übergeordnete Kategorie ist das Teilprojekt mit vielen einzelnen Arbeitspaketen. Das hat den Vorteil, dass die Gedanken nicht vorschnell kanalisiert werden und die Planung offen für eine sinnvolle Strukturgebung bleibt. Deduktives Vorgehen würde dagegen bedeuten, dass sich das Projektteam zuerst auf die Projektteile, also die übergeordneten Kategorien einigt und diese dann inhaltlich füllt. Dabei besteht aber die Gefahr, dass Kategorien vergessen werden. Deduktiv sollten Projektteams nur vorgehen, wenn die einzelnen Projektteile von vornherein sicher feststehen. Zudem sollten nur sehr erfahrene Projektteams so arbeiten. Bei neuen Projekten mit hoher Komplexität und Ungewissheit ist das induktive Vorgehen die zuverlässigere Methode.

Je vollständiger der Projektstrukturplan, desto weniger Folgeprobleme sind zu erwarten.

### Vollständigkeit sicherstellen

Vollständigkeit ist ein wichtiges Ziel bei der Erarbeitung des Projektstrukturplans. Je vollständiger er von Anfang an ist, umso weniger Probleme hat das Projektteam im weiteren Verlauf. Alle Arbeiten im Projekt kosten Geld und Zeit. Wenn viele oder wichtige Arbeitspakete im Projektstrukturplan fehlen, werden Projektzeitplan und Projektbudgetplan fehlerhaft sein, denn sie beruhen auf ihm. Im Projektverlauf führt dies zu Reibungen und einem sehr hohen Kommunikationsbedarf, der ein Projekt ernsthaft belasten kann.

Andererseits muss der Projektleiter darauf achten, dass die Projektteammitglieder in dieser Phase noch nicht zu stark ins Detail gehen. Dies könnte langwierige Diskussionen zur Folge haben, deren Ergebnisse noch nicht fruchtbar sind und daher unnötig Zeit kosten.

Mehrere Sitzungen sind notwendig.

### Schrittweise Annäherung

Auch wenn der erste Projektstrukturplan so vollständig wie möglich sein sollte, so ist es kaum möglich, ihn in Gänze während des ersten Treffens zu erstellen. Zum Beispiel ergeben sich immer wieder Fragen, die es noch zu klären gilt. Tatsächlich bringt gerade diese schrittweise Annäherung das beste Ergebnis.
Das Ziel in der ersten Arbeitsphase zum Projektstrukturplan ist es, eine gute Strukturierung zu erreichen. Sie bildet dann den Ausgangspunkt, um die einzelnen Cluster zu ergänzen. Das zuständige Projektteammitglied beschafft bis zur nächsten Besprechung die entsprechenden Informationen und ergänzt sie. Am unvollständigen Projektstrukturplan kann dann nahtlos weitergearbeitet werden, wenn die Pinnwände mit dem vorläufigen Ergebnis erhalten bleiben.

Ausreichend Material ist für die Ergebnisqualität entscheidend.

### Mit den Materialien arbeiten

Wichtig ist, dass alle benötigten Materialien in ausreichender Anzahl zur Verfügung stehen. Projektteams neigen dazu, das Ergebnis den vorhandenen Bedingungen anzupassen. Mit anderen Worten: Eine Pinnwand zu wenig bringt weniger Cluster hervor.
Das Ergebnis der Kartenabfrage sieht wie folgt aus:
Die Überschriften, also die Teilprojekte, stehen in Ovalen, die Arbeitspakete in rechteckigen Moderationskarten.
Wenn die Struktur endgültig feststeht, erhalten die Cluster Ordnungszahlen und die einzelnen Arbeitspakete eine eindeutige Nummer. Beim Anbringen der Karten ist darauf zu achten, dass oben Platz für die Überschriften und rechts neben den Arbeitspaketen Platz für runde »Kuller« bleibt, das sind runde Notizkarten mittlerer Größe. Mit ihnen können die Verantwortlichen den einzelnen Arbeitspaketen oder Gruppen von Arbeitspaketen die benötigten Ressourcen zuweisen.
Die Abbildung deutet diese Pinnwand nur an; die Inhalte werden in Tabellenform wiedergegeben.

**Muster Clusterergebnisse**

**Neubau Parkhaus Klinikum**

| Rahmenbedingungen | Voruntersuchung | Verkehrsaspekte |
|---|---|---|
| 1.1 Abstimmung Erschließung | 2.1 Bodenuntersuchung | 3.1 Verkehrsgutachten |
| 1.2 Verbindung Parkhaus mit Klinikum | 2.2 Abstimmung AfU | 3.2 Zufahrtregelung |
| 1.3 Kontrolle Bedarfsforderung zu 350 Plätzen | 2.3 Kampfmittelfreigabe einholen | 3.3 Konzept Andienung |
| 1.4 Vorgaben aus Bebauungsplan | 2.4 Grunderwerb | 3.4 Anschluss Parkleitsystem |
| 1.5 Ermittlung Baukörpergröße | | |

Den vollständigen Projektstrukturplan mit den Nummern für die Teilprojekte wird das Projektteam erst in der zweiten oder dritten Besprechung erreichen, wenn alle zusätzliche Informationen eingeholt haben.

## Den Projektbudgetplan entwickeln

Die zugewiesenen Ressourcen gehören zwar nicht zum Projektstrukturplan – es bietet sich aber aus praktischen Gründen an, ihn zu nutzen, um die Ressourcenzuweisung sehr effizient vorzunehmen.

### Budgets durch Gruppen entwickeln lassen

Die Ressourcen können in Arbeitsteilung zugewiesen werden. Jeweils zwei bis drei Mitglieder des Projektteams nehmen sich eines oder mehrerer Projektteile an. Sie besprechen, welche Personalressource und welche finanziellen Mittel die jeweiligen Arbeitspakete benötigen.

Auf erfahrene Projektteammitglieder setzen.

Bei der Zuteilung der Projektteile zu den Kleingruppen sollten die Verantwortlichen die Fachkenntnisse und die Erfahrung der Mitarbeiter berücksichtigen. Dabei wiegt der Faktor »Erfahrung« sehr schwer. Je größer die Projekterfahrung der Projektteammitglieder ist, umso schneller und realistischer ist ihre Schätzung der Ressourcen. Dennoch ist es in der Regel erforderlich, diese Arbeit zu unterbrechen, womöglich sogar für mehrere Tage. Hintergrund ist, dass die Verantwortlichen für ihren jeweiligen Zuständigkeitsbereich Kosteneinschätzungen von externen Quellen einholen müssen.

### Ressourcenzuweisung vervollständigen

In der folgenden Besprechung nutzen die Projektteammitglieder dann die inzwischen gesammelten Informationen, um die Ressourcenzuweisung zu vervollständigen. Grundsätzlich weisen die Projektteammitglieder die Ressourcen den ermittelten Arbeitspaketen zu. Bei den ermittelten Summen handelt es sich um Schätzwerte. Es ist legitim, einen gewissen Pufferbetrag in die Rechnung aufzunehmen. Allerdings wird der Auftraggeber beim nächsten Zwischenbericht dafür Begründungen verlangen und allzu großzügig geschätzte Aufwände zusammenstreichen.

### Projektstrukturplan anpassen

Anpassungen im Detail

Es ist möglich, dass sich bei diesem Vorgang der Projektstrukturplan in Details nochmals ändert. Eventuell werden Arbeitspakete differenziert, weil sie zu viele Aktivitäten enthalten, und andere werden zusammengefasst, weil sie zu sehr ins Detail gehen.

Ein zu groß geratenes Arbeitspaket ist am Aufwand zu erkennen, den die Zuweisung der Ressourcen verursacht. Wenn die Verantwortlichen eine Liste brauchen, um zu berechnen, welche einzelnen Aktivitäten im Arbeitspaket wie viel Zeit und Geld verschlingen, sollten sie das betreffende Arbeitspaket aufteilen.

## Auf Trennschärfe achten

Kosten nicht doppelt zuweisen

Häufig werden Mittel bei der Verteilung der Ressourcen doppelt zugewiesen. Das ist zum Beispiel dann der Fall, wenn einzelne Arbeitspakete schon in übergeordneten Aufgaben enthalten sind und dort berücksichtigt wurden.

**Mittelzuweisung**

Das Arbeitspaket »Lösung von Problemen« hat das Projektteam bei der Planung bereits im übergeordneten Arbeitspaket »Besprechungen des Projektteams« eingeplant. Es ist also nicht nötig, ihm eigene Mittel zuzuweisen.
Der Aufwand für die »Zwischenberichterstattung« ist dagegen nicht im Arbeitspaket »Besprechungen des Projektteams« enthalten und muss daher gesondert ausgewiesen werden.

## Sachkosten, Kosten für externe Leistungen und Personalkosten

Bei der Zuweisung von Ressourcen lassen sich Sachkosten sowie Kosten für externe Leistungen einerseits und die internen Personalkosten andererseits unterscheiden.

Personalkosten werden über die zugewiesenen Zeitressourcen berechnet.

Die Personalkosten sind in den geschätzten Zeitvolumina versteckt. Um sie zu berechnen, wenden die Verantwortlichen einen Kostenschlüssel für bestimmte Tarifgruppen an. Er steht in jeder Organisation zur Verfügung. So ist es zum Beispiel möglich, dass je nach Besetzung des Projektteams ein Kostenschlüssel von 800 bis 1 200 Euro pro Personenwoche veranschlagt wird.
Gerade in Kommunen stößt dieses Vorgehen oft auf Widerstand. Die internen Personen seien ja vorhanden und verdienten im Projekt nicht extra, so lautet das weitverbreitete Gegenargument. Wenn aber die Projektbudgetplanung die internen Personalkosten nicht berücksichtigt, ist es unmöglich, den realen Aufwand für ein Projekt zu erfassen – es geht einfach nicht. Dieses Missverständnis könnte einer der Gründe dafür sein, dass Projektteams sehr großzügig besetzt werden und lange Besprechungen führen.

## Personalkosten im Blick behalten

Übermäßig lange Besprechungen sind ein echter Kostenfaktor. Empirischen Untersuchungen zufolge werden nur etwa 30 Prozent der Besprechungszeiten ergebnis- und zielorientiert genutzt.

**Zwischensummen ausweisen, Arbeitspakete zusammenfassen**

Der Projektbudgetplan kann vielfältige Informationen zur Verfügung stellen.

Um den Projektbudgetplan zu erstellen, sind nach den beschriebenen Vorarbeiten noch zwei Überlegungen nötig. Zudem ist der Einsatz einer entsprechenden Software ratsam.

Zum einen geht es darum, welche Zwischensummen ausgewiesen werden sollen. Im Beispiel auf der folgenden Seite ist dies für alle Projektteile geschehen. Dann stellt sich die Frage, ob sich Arbeitspakete bei der Ressourcenzuweisung zusammenfassen lassen. Dabei müssen die Verantwortlichen darauf achten, dass die Arbeitspakete in allen Kostenarten gleich gruppiert sind. Es können zum Beispiel nicht die Kosten für Fremdaufträge für die Arbeitspakete 4.1 bis 4.4, aber die Personalkosten für die Pakete 4.2 bis 4.4 zusammengefasst werden. Es ist auch wenig sinnvoll, eine große Anzahl von Arbeitspaketen zusammenzufassen, zum Beispiel 5.1 bis 5.12. Hier lohnt sich die Mühe, die Kosten differenziert den verschiedenen Arbeitspaketen zuzuordnen.

Kosten hinreichend differenzieren

Sind die Einzelsummen errechnet, wird es spannend, denn jetzt ist ein Vergleich zwischen dem vom Auftraggeber geplanten Projektbudget und den Projektkosten möglich.

## Muster Projektbudgetplan

### Projektbudgetplan Neubau Parkhaus Klinikum

| Arbeitspakete | | Plankosten in EUR | | | |
|---|---|---|---|---|---|
| PSP-Nr. | Bezeichnung | Personal | Material | Aufträge | Gesamtkosten |
| 1 | Rahmenbedingungen | | | | |
| 1.1 | Abstimmung Erschließung | 1 800 | | | 1 800 |
| 1.2 | Verbindung Parkhaus mit Klinikum | | | | |
| 1.3 | Kontrolle Bedarf 350 Plätze | 900 | | | 900 |
| 1.4 | Vorgaben aus Bebauungsplan | | | | |
| 1.5 | Ermittlung Baukörpergröße | | | | |
| **1** | **Zwischensumme** | | | | **2 700** |
| 2 | Voruntersuchung | | | | |
| 2.1 | Bodenuntersuchung | 2 700 | | 10 000 | 12 700 |
| 2.2 | Abstimmung AfU | 1 800 | | | 1 800 |
| 2.3 | Kampfmittelfreigabe einholen | 90 | | | 90 |
| 2.4 | Grunderwerb | | | | |
| **2** | **Zwischensumme** | | | | **14 590** |
| 3 | Verkehrsaspekte | | | | |
| 3.1 | Verkehrsgutachten | 900 | | | 900 |
| 3.2 | Zufahrtsregelung | 900 | | | 900 |
| 3.3 | Konzept Andienung | | | | |
| 3.4 | Anschluss Parkleitsystem | 900 | 50 000 | | 50 900 |
| **3** | **Zwischensumme** | | | | **52 700** |
| 4 | Planung | | | | |
| 4.1 | Vorgaben Architektur | 1 800 | | 10 000 | 11 800 |
| 4.2 | Ausführungsplanung | 16 200 | | 110 000 | 126 200 |
| 4.3 | Entwurfsplanung | | | | |
| 4.4 | Genehmigungsplanung | | | | |

## Muster Projektbudgetplan (Fortsetzung)

### Projektbudgetplan Neubau Parkhaus Klinikum

| **Arbeitspakete** | | **Plankosten in EUR** | | | |
|---|---|---|---|---|---|
| PSP-Nr. | Bezeichnung | Personal | Material | Aufträge | Gesamtkosten |
| 4.5 | Aufteilung Gebäude | 900 | | | 900 |
| 4.6 | Auswahl Baustoffe | 450 | | | 450 |
| 4.7 | Kostenschätzung | 10 800 | | | 10 800 |
| 4.8 | Kosten fertige Vergleichsobjekte | | | | |
| 4.9 | Beachtung bautechnische Vorschriften | | | | |
| **4** | **Zwischensumme** | | | | **150 150** |
| 5 | Details (Ausführung) | | | | |
| 5.1 | Lage Treppenhaus | 1 800 | | 50 000 | 51 800 |
| 5.2 | Stahlkonstruktion | 7 200 | | 350 000 | 357 200 |
| 5.3 | Betonkonstruktion | 10 800 | | 250 000 | 260 800 |
| 5.4 | Feuerwehr/Telekomanschluss | 1 800 | 10 000 | | 11 800 |
| 5.5 | Haustechnik | 4 500 | 40 000 | | 44 500 |
| 5.6 | Statik | 3 600 | | 30 000 | 33 600 |
| 5.7 | Markierung/Ausstattung | 2 700 | 15 000 | | 17 700 |
| 5.8 | Aufzugsanlage | 2 700 | | 395 000 | 397 700 |
| 5.9 | Extensive Dachbegrünung | 9 000 | 30 000 | | 39 000 |
| 5.10 | Begrünungskonzept | 1 800 | 10 000 | | 11 800 |
| 5.11 | Gründung | 2 700 | | | 2 700 |
| 5.12 | Abdichtung aufsteigende Feuchte | 5 400 | | 25 000 | 30 400 |
| **5** | **Zwischensumme** | | | | **1 409 150** |

## Muster Projektbudgetplan (Fortsetzung)

### Projektbudgetplan Neubau Parkhaus Klinikum

| Arbeitspakete | | Plankosten in EUR | | | |
|---|---|---|---|---|---|
| PSP-Nr. | Bezeichnung | Personal | Material | Aufträge | Gesamtkosten |
| 6 | Bauausführung | | | | |
| 6.1 | Vermessung vorher/nachher | 450 | | 80 000 | 80 450 |
| 6.2 | Kostenkontrolle/Rechnungen | 13 500 | | | 13 500 |
| 6.3 | Ausschreibungen | 36 000 | 1 000 | | 37 000 |
| 6.4 | Vergabe | | | | |
| 6.5 | Bauleitung | 18 000 | | | 18 000 |
| 6.6 | Schlussrechnung | 5 400 | | | 5 400 |
| **6** | **Zwischensumme** | | | | **154 350** |
| 7 | Projektsteuerung | | | | |
| 7.1 | Klärung Projektauftrag | 1 800 | | | 1 800 |
| 7.2 | Projektstrukturplan | 1 800 | 1 000 | | 2 800 |
| 7.3 | Projektzeitplan/Meilensteinplan | 900 | | | 900 |
| 7.4 | Projektbudgetplan | 450 | | | 450 |
| 7.5 | Projektorganisationsplan | 450 | | | 450 |
| 7.6 | Koordinierung/Teamsitzungen | 14 400 | | | 14 400 |
| 7.7 | Controlling Termine/Kosten | 4 500 | | | 4 500 |
| 7.8 | Acht Zwischenberichte erstellen | 3 600 | | | 3 600 |
| 7.9 | Übergabe/Einweihungsfest | 900 | 3 000 | | 3 900 |
| 7.10 | Fünf Presseberichte | 900 | | | 900 |
| 7.11 | Internet | 900 | | | 900 |
| 7.12 | Dokumentation | 900 | 500 | | 1 400 |
| **7** | **Zwischensumme** | | | | **36 000** |
| | **Gesamtbudget** | | | | **1 819 640** |

## Den Projektzeitplan entwerfen

Die Grundlage für den Projektzeitplan bilden die Personalressourcen, die den einzelnen Arbeitspaketen zugewiesen wurden. Sie sind die Basisinformationen für die Zeitplanung.

### Prinzipien der Zeitplanung

Strukturiertes Vorgehen ist notwendig.

Die Aufgabe, den Projektzeitplan zu erstellen, ist schwierig und komplex. Das Projektteam muss sehr strukturiert vorgehen, um ohne große Zeitverluste zu einem guten Ergebnis zu kommen. Dabei sollte es die Prinzipien der Zeitplanung in jedem Fall berücksichtigen.
Um den Projektzeitplan systematisch zu erstellen, sollte das Projektteam folgende Punkte beachten:

- Kritische Arbeitspakete identifizieren
- Logische Abfolge der kritischen Arbeitspakete festlegen
- Einschätzen, wie viele Projektmitarbeiter sinnvoll an den einzelnen kritischen Arbeitspaketen arbeiten können
- Pufferzeiten einplanen
- Kritische Arbeitspakete in einem Zeitraster ausrichten, einen Vorschlag durch zwei Projektteammitglieder mit EDV-Unterstützung erstellen lassen
- Unkritische Arbeitspakete parallel einplanen in Zeiten, in denen die Personalressource zur Verfügung steht
- Meilensteine, also Controlling- und Berichtszeitpunkte bestimmen
- Steuerungsmaßnahmen bei Überschreitung des Endtermins planen

### Was sind kritische Arbeitspakete?

Abhängigkeit von anderen Arbeitspaketen

Kritische Arbeitspakete können erst begonnen werden, wenn ein anderes, ebenfalls kritisches Arbeitspaket fertiggestellt wurde. Ebenso gehören Arbeitspakete, die notwendige Voraussetzung für nachfolgende Arbeitspakete sind, dazu. Kritische Arbeitspakete lassen sich in mehreren Ketten logisch aneinanderreihen und bilden die Hauptstränge im Projektzeitplan. Hat das Projektteam alle diese Arbeitspakete in der richtigen Reihenfolge angeordnet, kann es sie auf einem Zeitstrahl abbilden. Die Dauer der kritischen Arbeitspakete ist entscheidend dafür, ob das Projektteam den Endtermin einhalten kann oder nicht. Um dies zu überprüfen, ordnen die Verantwortlichen die kritischen Arbeitspakete im Zeitraster ein. Ist dann der Endtermin überschritten, müssen sie jedes einzelne kritische Arbeitspaket daraufhin untersuchen, ob seine Bearbeitungsdauer verringert werden kann.

### Was sind unkritische Arbeitspakete?

Unkritische Arbeitspakete können parallel eingeplant werden.

Unkritische Arbeitspakete dagegen sind zum einen nicht darauf angewiesen, dass andere Arbeitspakete vorher beendet wurden. Zum anderen stellen sie keine Voraussetzung dafür dar, dass die Arbeit an nachfolgenden Arbeitspaketen beginnen kann. Das Projektteam fügt die unkritischen Arbeitspakete im zweiten Planungsschritt parallel ins Zeitraster ein.

## Schritt für Schritt zum Projektzeitplan

Je systematischer das Projektteam an die Aufgabe herangeht, desto besser gelingt die Entwicklung des Projektzeitplans. Die Aufgabe des Projektleiters ist an dieser Stelle, allen Beteiligten klarzumachen, was in den einzelnen Schritten genau zu tun ist.

### Kritische Arbeitspakete identifizieren

Bearbeitung durch Fachleute

Die Identifizierung der kritischen Arbeitspakete kann arbeitsteilig durch Kleingruppen erfolgen. Dabei kümmern sich die Fachleute im Projektteam um die Projektteile, die am ehesten in ihre Zuständigkeit fallen. So findet eine sinnvolle Aufteilung der einzelnen Cluster aus dem Projektstrukturplan statt.

Alle kritischen Arbeitspakete werden auf Karten geschrieben. Diese enthalten den Namen des Arbeitspakets, seine Nummer im Projektstrukturplan und die benötigte Personalressource. Wenn es Arbeitspakete gibt, die diesem vorhergehen oder nachfolgen, werden auch diese notiert.

**Muster Karten »kritische Arbeitspakete«**

| | | |
|---|---|---|
| 7.1 | **7.2**<br>Erarbeitung<br>Projektstrukturplan<br><br>2 PW | 7.3 |

| | | |
|---|---|---|
| 7.2 | **7.3**<br>Erstellung<br>Projektzeitplan<br><br>1 PW | 7.4 |

PW = Personenwoche

### Reihenfolge der Bearbeitung der kritischen Arbeitspakete festlegen

Reihenfolge festlegen

Die Grafik zeigt die Aneinanderreihung von zwei kritischen Arbeitspaketen. Die Karten sind beweglich, das Projektteam kann also gemeinsam überlegen, welche Reihenfolge sinnvoll und erforderlich ist, und die Arbeitspakete entsprechend anordnen. Dieser Vorgang sollte im Plenum des Projektteams erarbeitet werden.

### Einsatzplanung vornehmen

Personalressourcen einplanen

Im nächsten Schritt legen die Verantwortlichen fest, wie viele Projektmitarbeiter sinnvoll in den kritischen Arbeitspaketen eingesetzt werden können. Gleichzeitig klären sie, in welcher Zeitspanne diese die einzelnen Arbeitspakete bearbeiten sollen. Je größer das benötigte Volumen ist, umso mehr Mitarbeiter sind in der Regel beteiligt. Es gibt allerdings auch Arbeitspakete, deren Zeitspanne durch einen vermehrten Einsatz von Personal nicht reduziert werden kann, weil sich die Arbeit nicht sinnvoll aufteilen lässt.

Diese Entscheidungen trifft das Projektteam gemeinsam. Sie bilden die Basisinformation für den Entwurf des Zeitplans. Auf den Karten der kritischen Arbeitspakete stehen nun noch die Anzahl der Projektmitarbeiter und die Zeitspanne jedes Arbeitspakets.

### Muster Karten »kritische Arbeitspakete mit Anzahl der Projektmitarbeiter und Zeitspanne«

| | | | | | |
|---|---|---|---|---|---|
| 7.1 | **7.2**<br>Erarbeitung<br>Projektstrukturplan<br><br>2 PW/**14 T** | 7.3 | 7.2 | **7.3**<br>Erstellung<br>Projektzeitplan<br><br>1 PW/**6 T** | 7.4 |

PW = Personenwoche, T = Tage

### Kritische Arbeitspakete im Zeitraster abbilden

Erster Entwurf als Balkenplan

Ein oder zwei Mitglieder des Projektteams erarbeiten bis zur nächsten Besprechung den ersten Entwurf für den Projektzeitplan in Form eines Balkenplans. Dabei kombinieren sie die Zeitspannen der kritischen Arbeitspakete, so wie das Projektteam sie festgelegt hat, in der richtigen Reihenfolge im Zeitraster. Der Balkenplan führt dabei mehrere Stränge kritischer Arbeitspakete auf, die sich parallel beziehungsweise überlappend bearbeiten lassen. Dieser Entwurf dient dann im Projektteam als Diskussionsvorlage.

### Zeitplan fertigstellen

Vorstellung in der Teambesprechung

In der nächsten Teambesprechung stellen die beiden Mitglieder ihren Entwurf des Projektzeitplans vor und erläutern die Probleme, die aufgetreten sind. Wenn sich an dieser Stelle abzeichnet, dass der Endtermin des Projekts überschritten wird, sucht das Projektteam nach Lösungen. Diese Planungsarbeit sollte mit EDV-Unterstützung erfolgen, um Änderungen schnell und ohne großen Aufwand vornehmen zu können.

Hier wird die endgültige Zeitplanung festgelegt. Bei Terminproblemen oder Problemen mit der Personalressource müssen sich die Verantwortlichen schon in dieser Projektphase Steuerungsmaßnahmen überlegen.

**Unkritische Arbeitspakete einplanen**

Hinzufügung der unkritischen Arbeitspakete

Wenn das Projektteam alle kritischen Arbeitspakete so gestaltet und eingeplant hat, dass der Zeitplan den Vorgaben im Projektauftrag entspricht, fügt es die unkritischen Arbeitspakete hinzu. Für deren Platzierung im Zeitraster ist wichtig, wann im Projektverlauf welche personellen Ressourcen aus den betroffenen Fachabteilungen und aus dem Projektteam zur Verfügung stehen. Freiräume im Projektzeitplan können zum Beispiel dadurch entstehen, dass das Projekt »Zwangspausen« einlegen muss, bevor die Beteiligten weiterarbeiten können. Das ist etwa der Fall, wenn eine Planung offengelegt wird und die Bevölkerung Zeit für Einsprüche gegen bestimmte Vorhaben erhält.

**Zeitplan mit den Fachabteilungen abstimmen**

Frühe Abstimmung mit Linienvorgesetzten ist sinnvoll.

Die Zuordnung der unkritischen Arbeitspakete ist in der Regel vorläufig. Oft erheben die Linienvorgesetzten der betreffenden Projektteammitglieder Einwände, wenn zu den geplanten Einsatzterminen die Belastung in den Fachabteilungen bereits sehr hoch ist.

Je früher also der Projektzeitplan mit den Linienvorgesetzten abgestimmt wird, desto weniger sind Konflikte und Widerstände an den Schnittstellen zu erwarten. Denn so sind die Abteilungsleiter in der Lage, langfristig zu disponieren. Die endgültige Fassung des Projektzeitplans erfolgt, wenn die Fachabteilungen und ihre Vorgesetzten informiert wurden.

Allerdings kann es sein, dass der Auftraggeber den Projektzeitplan sehen will, bevor die Linienvorgesetzten informiert werden. Eine solche Vorgabe muss der Projektleiter natürlich beachten. Hier ist entscheidend, wie der Kompetenzrahmen der Projektleitung in der ersten Projektphase definiert wurde.

### Meilensteine und Berichtszeitpunkte einplanen

Die Meilensteine legt das Projektteam nach formalen und pragmatischen Gesichtspunkten fest. Nach der Konzeptphase, also nach Abschluss der Projektplanung, muss ein Zwischenbericht beim Auftraggeber erfolgen. Im weiteren Projektverlauf ist es sinnvoll, die Meilensteine nach markanten Abschnitten zu setzen. Dafür empfehlen sich Zeitpunkte, zu denen wichtige Arbeitspakete abgeschlossen sind. Bei anderen Arbeitspaketen, die sich dann noch in der Ausführung befinden, schätzen die verantwortlichen Projektteammitglieder den Bearbeitungsstand.

**Wünsche des Auftraggebers berücksichtigen**

Bei der Meilensteinplanung wird der Auftraggeber ein Wort mitreden wollen. Er äußert seine Terminwünsche in der Besprechung, in der ihm der Projektleiter und ein begleitendes Projektteammitglied die Planungen vorstellen und mit ihm diskutieren.

Nach diesem Zwischenbericht plant das Projektteam die verabredeten Meilensteine in den Projektzeitplan ein.

### Den erwünschten Projektstand definieren

Präzise Vorgaben für den Projektstand

Ein Meilenstein erfüllt eine wichtige Aufgabe: Er besagt präzise, in welchem Zustand sich das Projekt zum betreffenden Zeitpunkt idealerweise befinden soll. Welche Arbeitspakete sind abgeschlossen, welche stecken noch in der Bearbeitungsphase? In welcher Qualität sollen die Ergebnisse vorliegen und wie lässt sich diese überprüfen? Um solche Punkte kontrollieren zu können, weisen die Projektteammitglieder den jeweiligen Meilensteinen Sollwerte zu. Sie legen fest, welche Arbeitspakete zu den Terminen fertiggestellt sein müssen. Für alle in Arbeit befindlichen Arbeitspakete geben sie eine Einschätzung des Bearbeitungsstands vor. Letzteres ist erforderlich, weil nicht alle Arbeitspakete pünktlich zu einem bestimmten Termin abgeschlossen werden.

Ergebnisqualität überprüfbar machen

### Qualität überprüfbar machen

Stehen diese Daten fest, bestimmen die Projektteammitglieder nach ihrer Fachkompetenz die Qualitätsstandards für die einzelnen Arbeitspakete sowie die Kriterien, anhand derer diese Standards zu messen sind. Sie legen eine Checkliste an, aus der hervorgeht, welche Dokumente vorhanden sein müssen, um die Fertigstellung eines Arbeitspakets zu belegen.

**Qualität überprüfen**
Als Arbeitspaket steht im Projekt »Filmtage 2011« die Buchung von Hotelzimmern aus. Als Ergebnisbericht, so einigen sich die Verantwortlichen, sollen die Buchungsbestätigungen mit den verhandelten Konditionen dienen. Diese Dokumente werden Auskunft über den Bearbeitungsstand beziehungsweise die Fertigstellung dieses Arbeitspakets geben.

Schließlich berechnen die Verantwortlichen noch die Kosten, die bis zu diesem Zeitpunkt anfallen dürfen.
In der Regel benötigt das Projektteam für diese Arbeit mehr als eine Besprechung, denn es ist üblich, dass die Verantwortlichen sich in den Fachabteilungen und bei externen Projektpartnern informieren, welche Kriterien sinnvoll sind.

Voraussetzung für den Beschluss: Alle Informationen und Abstimmungen sind vorhanden.

### Meilensteine endgültig festlegen

Wenn das Projektteam alle Informationen eingeholt hat und alle Abstimmungen vollzogen wurden, werden der Projektzeitplan und der Meilensteinplan fertiggestellt. Dabei sollte das Projektteam eine entsprechende Planungssoftware einsetzen.

## Den Projektorganisationsplan anlegen

Erst zu diesem Zeitpunkt erfolgt die endgültige Arbeitsteilung im Projekt. Schon bei der bisherigen Planung haben sich informelle Zuständigkeiten ergeben, nicht nur für einzelne Personen, sondern auch für Kleingruppen oder Zweierteams. Der Projektorganisationsplan hält diese Zuständigkeiten nun auch schriftlich fest.

### Aufteilung an Projektteammitglieder

Projektteammitglieder übernehmen Verantwortung für Arbeitspakete.

Die einzelnen Projektteammitglieder erhalten verschiedene Arbeitspakete. Sie sind von nun an verantwortlich für die Detailplanung, die Durchführung und die Kontrolle der ihnen zugewiesenen Projektarbeiten. Sinnvoll ist es, die Arbeitspakete anhand der Karten an der Pinnwand zu verteilen, die für den Projektstrukturplan angelegt wurden.

### Arbeitspakete bei Projektteilnehmern clustern

Arbeitspakete namentlich zuweisen

Die Projektteammitglieder nehmen die Karten derjenigen Arbeitspakete, für die sie die Verantwortung übernehmen wollen, an sich und clustern sie unter ihrem Namen an der Pinnwand. Das hat den Vorteil, dass alle aktiv an der Pinnwand beschäftigt sind. Außerdem ist so jedem klar, dass alle vorhandenen Arbeitspakete namentlich zugewiesen werden müssen. Der Moderator beziehungsweise Projektleiter muss die Anwesenden nicht ausdrücklich dazu auffordern, sich für bestimmte Projektarbeiten einzusetzen. Dies ist als sachliche Notwendigkeit jedem Einzelnen deutlich.

### Vorsicht vor zu vielen Aufgaben

Die Sogwirkung ist unter Umständen so groß, dass sich einige Projektmitarbeiter zu viel zumuten. Hier muss der Projektleiter einschreiten und für eine realistische Arbeitsteilung sorgen.

An erster Stelle steht die fachliche Qualifikation, dann folgt die zeitliche Auslastung.

**Arbeitsteilung diskutieren**

Anschließend wird die Aufteilung diskutiert und eventuell modifiziert. An erster Stelle steht dabei die fachliche Qualifikation der Projektteammitglieder, erst dann spielt die zeitliche Auslastung eine Rolle.

Es kann vorkommen, dass sich ein Projektteammitglied viele Arbeitspakete ausgesucht hat, von denen es einige nun wieder abgibt, um eine günstigere Arbeitsverteilung im Projektteam zu erreichen. In der Regel bleibt auch eine kleine Anzahl von Arbeitspaketen übrig, für die sich niemand gefunden hat. Diese Arbeitspakete werden jetzt restlos unter den Anwesenden aufgeteilt – kein Arbeitspaket darf übrig bleiben.

Fehlt fachliches Know-how?

**Ergänzungen im Team anfordern**

Manchmal stellt sich zu diesem Zeitpunkt heraus, dass das Projektteam ergänzt werden sollte, weil sich sonst einige Arbeiten fachlich nicht überzeugend zuweisen lassen. Wenn es sein Kompetenzrahmen zulässt, nimmt der Projektleiter solche Nachbenennungen vor, anderenfalls schlägt er sie dem Auftraggeber in der folgenden Präsentation der Planungsergebnisse vor. In diesen Fällen werden die zusätzlichen Projektteammitglieder auf Dauer oder für bestimmte Zeiträume zusätzlich ins Projektteam aufgenommen.

Organisationsplan als Ergebnis der Arbeitsverteilung

**Übersicht über die Aufgabenverteilung**

Das Ergebnis ist der Projektorganisationsplan, aus dem klar hervorgeht, welche Arbeitspakete von welchen Projektteammitgliedern verantwortlich betreut werden.

Er listet in Tabellenform detailliert alle zu diesem Zeitpunkt bekannten Teilaufgaben und Arbeitspakete mit ihrer Nummer aus dem Projektstrukturplan und ihrer Bezeichnung auf. In den folgenden Spalten findet die Zuordnung der einzelnen Aufgaben zu den Projektteammitgliedern statt. Diese Personen übernehmen die Verantwortung dafür, dass ihre Projektteile und Arbeitspakete durchgeführt und bearbeitet werden.

## Muster Projektorganisationsplan

### Projektorganisationsplan Filmtage 2011

| PSP-Nr. | Teilaufgabe/Arbeitspaket | PL | TM 1 | TM2 | TM3 | TM4 | TM5 |
|---|---|---|---|---|---|---|---|
| 1 | Konzept | | | | | | |
| 1.1 | Themenschwerpunkte | | x | | | | |
| 1.2 | Ausschreibung Filmakademie | | x | | | | |
| 1.3 | Filme sichten/auswählen | | x | | | | |
| 1.4 | Spezielle Gäste | x | | | | | |
| 1.5 | Vorgespräche mit Regisseuren | x | | | | | |
| 1.6 | Publikumssprecher auswählen | | x | | | | |
| 2 | Finanzierung | | | | | | |
| 2.1 | Finanzierungsplan | | | x | | | |
| 2.2 | Sponsoringkonzept | | | | x | | |
| 2.2.1 | Sponsoringverträge | | | | | x | |
| 2.2.2 | Liste möglicher Sponsoren | | | | x | | |
| 2.2.3 | Sponsorenakquise | | | | x | | |
| 2.2.4 | Sponsoringrechnungen | | | x | | | |
| 2.3 | Eintrittspreise kalkulieren | | | x | | | |
| 2.4 | Rechnungen bezahlen | | | x | | | |
| 2.5 | Buchhaltung | | | x | | | |
| 2.5.1 | Projektabrechnung | | | x | | | |
| 3 | Allgemeine Organisation | | | | | | |
| 3.1 | Hotelzimmer für Gäste | | | | | | x |
| 3.2 | Verpflegung Künstler | | | | | | x |
| 3.3 | Beschilderung Veranstaltungsorte | | | | | | x |
| 3.4 | Shuttleservice Moderatoren | | | | | | x |
| 3.5 | VIP-Betreuung | x | | | | | |
| 3.6 | Namensschilder | | | | | | x |
| 3.7 | Technikbedarf abfragen | | | | | x | |
| 3.7.1 | Technik buchen | | | | | x | |
| 3.8 | Reinigungsfirma beauftragen | | | | | x | |
| 4 | Veranstaltungsorte | | | | | | |
| 4.1 | Locations besichtigen | | | | x | | |
| 4.2 | Forum reservieren | | | | x | | |
| 4.3 | Kinos buchen | | | | | x | |
| 4.4 | Mietverträge abschließen | | | | | x | |
| 5 | Auftakt | | | | | | |
| 5.1 | Saal reservieren | | | | x | | |
| 5.2 | Dekoration organisieren | | | | | | x |
| 5.3 | Cateringfirma beauftragen | | | | | x | |

PSP-Nr. = Nummer des Arbeitspakets im Projektstrukturplan, PL = Projektleiter, TM = Teammitglied

## Muster Projektorganisationsplan (Fortsetzung)

### Projektorganisationsplan Filmtage 2011

| PSP-Nr. | Teilaufgabe/Arbeitspaket | PL | TM 1 | TM2 | TM3 | TM4 | TM5 |
|---|---|---|---|---|---|---|---|
| 5.4 | Gästeliste für Auftakt | x | | | | | |
| 5.4.1 | Einladungen schreiben/senden | | x | | | | |
| 5.5 | Musik | | x | | | | |
| 5.6 | Moderation | | x | | | | |
| 6 | Kooperation | | | | | | |
| 6.1 | Liste mögl. Kooperationspartner | x | | | | | |
| 6.2 | Fachhochschule | | x | | | | |
| 6.3 | Filmakademie | x | | | | | |
| 6.4 | Kinokunst e. V. | x | | | | | |
| 6.5 | Volkshochschule | | x | | | | |
| 7 | Öffentlichkeitsarbeit | | | | | | |
| 7.1 | PR-Konzept | x | | | | | |
| 7.2 | Gespräch Büro Oberbürgermeister | x | | | | | |
| 7.3 | Info an lokale Presse | | x | | | | |
| 7.4 | Info an Rundfunk und TV | x | | | | | |
| 7.5 | Pressegespräch | x | | | | | |
| 7.6 | Betreuung Presse, Radio, TV | | x | | | | |
| 8 | Werbung | | | | | | |
| 8.1 | Werbekonzept | | | | x | | |
| 8.2 | Entwurf Logo | | | | x | | |
| 8.2.1 | Texte/Fotos Programmheft | | | | x | | |
| 8.2.2 | Druckauftrag Programmheft | | | | | x | |
| 8.3 | Gestaltung Plakat | | | | x | | |
| 8.3.1 | Druckauftrag Plakat | | | | | x | |
| 8.4 | Gestaltung Eintrittskarten | | | | x | | |
| 8.4.1 | Druckauftrag Eintrittskarten | | | | | x | |
| 8.5 | Gestaltung Flyer | | | | x | | |
| 8.5.1 | Druckauftrag Flyer | | | | | x | |
| 8.5.2 | Programm/Flyer auf Homepage | | | | | | x |
| 8.5.3 | Verteilung/Versand Flyer | | | | | | x |
| 9 | Programm | | | | | | |
| 9.1 | Programmablauf festlegen | x | | | | | |
| 9.2 | Moderatoren buchen | | | | | x | |
| 9.3 | Referenten für Vortrag engagieren | | x | | | | |
| 9.4 | Referenten Workshops | | x | | | | |
| ... | | | | | | | |

PSP-Nr. = Nummer des Arbeitspakets im Projektstrukturplan, PL = Projektleiter, TM = Teammitglied

Außenkontakte sind Aufgabe des Projektleiters.

Aus dem Projektorganisationsplan geht hervor, welche Arbeitsschwerpunkte jedes einzelne Projektteammitglied hat:

- Der Projektleiter des Projekts »Filmtage 2011« übernimmt vor allem die Moderation des Projektteams, koordiniert die laufenden Arbeitspakete und kontrolliert den Projektverlauf. Daneben übernimmt er besondere Aufgaben bei der Betreuung von Gästen und bei der Zusammenarbeit mit externen Projektpartnern. Grundsätzlich ist die Projektleitung für den Kontakt zu externen Projektpartnern zuständig, allerdings kann diese Aufgabe in bestimmten Fällen auch delegiert werden.
- Teammitglied 1 übernimmt die inhaltliche Auswahl und Gestaltung der Filmtage. Es organisiert die Auftaktveranstaltung und arbeitet mit einem Teil der externen Kooperationspartner zusammen.
- Teammitglied 2 ist verantwortlich für den Finanzierungsplan und die Abwicklung der finanziellen Angelegenheiten bis hin zur Überweisung von Rechnungen und zur Buchhaltung.
- Teammitglied 3 hat seinen Schwerpunkt im Sponsorenkonzept, bei der Akquisition und Betreuung von Sponsoren und bei der Auswahl und der Reservierung von Veranstaltungsorten.
- Teammitglied 4 kümmert sich um die rechtliche Seite, zum Beispiel bei Buchungen und Verträgen mit externen Firmen und Projektpartnern.
- Teammitglied 5 ist verantwortlich für alle organisatorischen Aspekte der Durchführung, angefangen bei den Namensschildern für Gäste bis hin zum Shuttleservice und zur Dekoration von Veranstaltungsräumen.

Unterstützung auch anderer Projektteile

Alle fünf Projektmitarbeiter sind ständige Mitglieder des Projektteams. Sie unterstützen die Durchführung des Projekts auch in den Teilen, die nicht in ihrem eigenen Verantwortungsbereich liegen. Sie hören Berichte aus anderen Projektteilen, diskutieren mit bei anstehenden Entscheidungen und helfen mit bei Problemlösungen.

## Zwischenbericht beim Auftraggeber

Hat das Projektteam die Projektplanung abgeschlossen, präsentieren der Projektleiter und ein weiteres Teammitglied die Ergebnisse dem Auftraggeber. Dabei ist es sinnvoll, formalisierte Berichtsblätter zu verwenden und die Projektpläne zu visualisieren.

Wie hat das Projektteam die Durchführung des Projekts geplant?

### Tagesordnung für den Zwischenbericht beim Auftraggeber

Als Tagesordnungspunkte kommen für diese Besprechung infrage:

1) Erläuterungen zum Projektstrukturplan, Vorstellung des Projektorganisationsplans, Diskussion der Verantwortlichkeiten, Ergänzung des Projektteams, soweit erforderlich
2) Erläuterungen zum Projektbudgetplan, Einschränkungen der Projektziele und anderer genehmigungspflichtiger Veränderungen, Beantragen der Aufstockung des Budgets, falls notwendig
3) Erläuterungen zum Projektzeitplan, Inanspruchnahme von Personalressourcen aus den Fachabteilungen in bestimmten Zeiträumen, vermutete Engpässe im Ablauf, Erörterung von Problemen mit Linienvorgesetzten, sofern erforderlich
4) Vorschlag der Meilensteine und Berichtszeitpunkte, Diskussion und Entscheidung über die Anzahl und die Termine der Zwischenberichte sowie die Beurteilungskriterien
5) Zusammenfassung der Ergebnisse anhand der visualisierten Entscheidungen, eventuell erforderliche Nachbesserungen auflisten und verbindlich terminieren

### Die Entscheidung des Auftraggebers vorbereiten

Um den Planungsbeschluss treffen zu können, müssen dem Auftraggeber verlässliche Informationen vorliegen. Oft kommt dafür ein Punktesystem zum Einsatz.

## Muster Punktetabelle für den Auftraggeber

### Punktetabelle Projekt Neubau Parkhaus Klinikum

| **Kriterien Arbeitspaket Projektstrukturplan/Projektorganisationsplan** | **Punkte** |
|---|---|
| Der Projektstrukturplan enthält alle erkennbaren Arbeitspakete; die Struktur ist übersichtlich. | 5 |
| Alle Arbeitspakete sind zugewiesen; die nötige Fachkompetenz für eine sachgerechte Bearbeitung ist vorhanden. | 5 |
| Das Projektteam ist so ergänzt, dass alle Fachkompetenz vorhanden ist. | X |
| Der Auftraggeber stimmt allen extern zu vergebenden Arbeiten zu. | 5 |
| **Kriterien Arbeitspaket Projektzeitplan** | **Punkte** |
| Der Zeitplan enthält Pufferzeiten; der Endtermin ist realistisch. | 5 |
| Die Zeitspannen für die einzelnen Arbeitspakete sind realistisch. | 4 |
| Die nötigen Personalressourcen aus der Linienorganisation sind gesichert und mit den Abteilungsleitern abgestimmt. | 3 |
| Die Kürzungen der Arbeitspakete bleiben im Rahmen der Vorgaben des Projektauftrags. | 5 |
| Allen qualitativen und allen quantitativen Veränderungen der Projektziele gegenüber dem ursprünglichen Projektauftrag stimmt der Auftraggeber zu. | 10 |
| **Kriterien Arbeitspaket Projektbudgetplan** | **Punkte** |
| Das Projektbudget hält die Vorgaben des Projektauftrags ein. | 5 |
| Die Überschreitung des Projektbudgets ist vom Auftraggeber gebilligt. | X |
| Der Projektbudgetplan weist alle Informationen aus, die der Auftraggeber verlangt. | 5 |
| **Kriterien Arbeitspaket Meilensteine/Berichtszeiträume** | **Punkte** |
| Die Anzahl und die Termine der Meilensteine sind vom Auftraggeber gebilligt. | 5 |
| Die Qualitätskriterien für die Controlling-Maßnahmen an den Meilensteinen sind vom Auftraggeber bestätigt. | 4 |
| Die Form der Zwischenberichte ist vom Auftraggeber gebilligt. | 5 |
| Alle erstellten Projektunterlagen sind im Verzeichnis aufgeführt und im Projektarchiv abgelegt. | 5 |
| Zu allen Problemen gibt es Lösungen, die höchstwahrscheinlich greifen. | 4 |
| Die formulierten Steuerungsmaßnahmen sind verantwortlich delegiert; mit ihrer Umsetzung wurde begonnen oder der Beginn ist terminiert. | 5 |
| **Summe der erreichten Punkte** | **80** |

Erfüllungsgrad: 80 × 100/90 = 88,9 %

Wie errechnet sich der Erfüllungsgrad?

**Punkte für den Erfüllungsgrad verteilen**

Der Erfüllungsgrad errechnet sich durch das Verhältnis der erreichten Punktzahl (im Muster: 80 Punkte) zur höchstmöglichen Punktzahl (im Muster: 90 Punkte). In diesem Beispiel fließt das Kriterium »Ergänzung des Projektteams« nicht in die Bewertung ein, weil eine Ergänzung nicht vorgesehen ist. Gleiches gilt für die »Überschreitung des ursprünglichen Projektbudgets«. Diese beiden Kriterien werden aus der Berechnung herausgenommen. Das genaue Vorgehen beim Punktebewertungsverfahren ist im Kapitel »Projektcontrolling« beschrieben.
Wichtig ist an dieser Stelle, dass der Auftraggeber anhand dieser Übersicht erkennen kann, ob bestimmte Kriterien eingehalten und welche Erfüllungsgrade erreicht wurden.

Genehmigung erteilt?

**Auswertung beurteilen**

Das Projektteam hat für die Planungsphase mit einem Erfüllungsgrad von 88,9 Prozent ein gutes Ergebnis erzielt. Die Prüfung ist zwar noch nicht bestanden, denn der Projektleiter muss noch vereinzelte Maßnahmen einleiten. Zum einen muss bei den Qualitätskriterien noch nachgebessert werden, zum anderen bei der Zeitplanung (beide Kriterien haben in der Auswertung vier Punkte).
In diesen Fragen konnte noch keine überzeugende Lösung gefunden werden, Projektleiter und Projektteam müssen hier noch nachbessern. Diese Beanstandungen schätzt der Auftraggeber aber als wenig gravierend ein, sodass eine erneute Berichterstattung nicht notwendig ist. Die Projektleitung veranlasst die genannten Maßnahmen sofort, damit ist die Fortführung des Projekts durch den Auftraggeber genehmigt.

## Die Kommunikation im Projektteam

Die Projektplanung ist an dieser Stelle abgeschlossen, nun beginnt das Projektteam mit der Umsetzung und der konkreten Arbeit in den einzelnen Projektteilen. Jetzt geht es also zum Beispiel darum, Rahmendaten für die Ausschreibung eines Architekturwettbewerbs aufzustellen oder Detailterminpläne in den einzelnen Projektteilen zu erarbeiten. Diese Planungsarbeiten dürfen aber nicht mit der Projektplanung in der vorangegangenen Phase verwechselt werden.

### Besprechungen als zentrales Kommunikationsmittel

Die Kommunikation im Team ist erfolgsentscheidend.

Für den Erfolg ist entscheidend, wie gut das Team miteinander arbeitet und kommuniziert. Damit erhalten vor allem die Teambesprechungen besonderen Stellenwert, denn hier sitzen Mitarbeiter aus unterschiedlichen Hierarchiestufen zusammen und kommunizieren direkt und zielorientiert.
Durch die unmittelbaren Gespräche lassen sich Probleme, die der Informationsfluss in Hierarchien oft mit sich bringt, umgehen. Denn hier können die Kommunikationswege langsam und beschwerlich sein. Es kommt vor, dass eine Mitteilung zwischen zwei Abteilungen eine Woche lang unterwegs ist, obwohl alle Beteiligten unter einem Dach sitzen. Projekte hingegen brauchen einen schnelleren, direkteren und besseren Austausch zwischen den Projektteammitgliedern.

### Der Nutzen der Projektteambesprechungen

Steuerung des Projekts in seiner Gesamtheit

Die Teambesprechungen stellen das zentrale Kommunikationsmittel im Projekt dar. Ihr Ziel ist, das Projekt in seiner Gesamtheit zu steuern sowie alle internen und externen Projektpartner zu koordinieren. Die Projektteammitglieder nutzen die Meetings, um

- Termine, Leistungen und Kosten zu kontrollieren,
- Lösungen für Abweichungen von den Sollwerten zu finden sowie adäquate Maßnahmen zu entwickeln und umzusetzen,
- im Projektumfeld Faktoren zu erkennen, die den Projekterfolg gefährden können,
- Lösungen zu finden, die den Projektfortschritt sichern,

- Möglichkeiten zu finden, die den Projektverlauf günstig beeinflussen,
- Pläne zu entwerfen, wie der Projektablauf modifiziert werden kann (diese müssen die Verantwortlichen dem Auftraggeber vorstellen), und um
- sicherzustellen, dass alle Beteiligten gut informiert sind und zielorientiert arbeiten.

**Rahmen der Besprechungen**

Regelmäßigkeit ist wichtig.

Damit die Besprechungen diese Aufgaben auch erfüllen können, müssen bestimmte Rahmenbedingungen gegeben sein. So ist entscheidend, dass die Besprechungen regelmäßig stattfinden, vor allem vor den Meilensteinen und Berichtsterminen sind fixe Termine notwendig. Wenn besondere Probleme auftauchen, beruft der Projektleiter kurzfristig zusätzliche Meetings ein.

Damit die Besprechung auch zielgerichtet abläuft, reichen alle Teilnehmer spätestens zwei Tage vorher alle Tagesordnungspunkte, die sie besprechen möchten, ein. Die vollständige Tagesordnung verschickt der Projektleiter am Vortag an alle betreffenden Personen.

Leiter der Besprechungen ist der Projektleiter. Grundsätzlich nehmen alle Mitglieder des Projektteams an den Terminen teil, auch wenn aktuell keine Aktionen aus dem eigenen Verantwortungsbereich anstehen. Wer aus zwingenden Gründen nicht anwesend sein kann, schickt einen Stellvertreter. Dieser verfügt dann über alle Informationen, die nötig sind, um Bericht zu erstatten, Entscheidungen zu treffen oder Zusagen zu machen. Im Anschluss an die Besprechungen gibt der Stellvertreter dem Projektteammitglied alle Informationen weiter, die dieses braucht, um seine Funktion im Projekt weiter auszuüben.

Während der Besprechungen lässt der Projektleiter immer ein Protokoll führen. Darin sind alle getroffenen Entscheidungen und alle beschlossenen Aktivitäten enthalten. Der Protokollführer formuliert diese Punkte derart, dass die Mitschrift eine Kontrolle der delegierten Aufgaben ermöglicht.

Kontrolle der Auftragsliste, Klärung von Problemen

## Die grundsätzlichen Fragen in Besprechungen

Auch wenn jede Besprechung unterschiedlich verläuft, sind einige Punkte unverzichtbar für die Kommunikation innerhalb des Projektteams. Zentral ist die Kontrolle der Auftragsliste. In ihr sind alle ausstehenden Arbeiten verzeichnet, die das Team in der letzten Sitzung beschlossen und terminiert hat. Das zuständige Projektteammitglied trägt die Arbeitsfortschritte beziehungsweise die Ergebnisse vor. Der Projektleiter achtet bei Rückfragen und Diskussionen darauf, dass diese zeitlich im Rahmen bleiben. Anschließend überprüft das Projektteam die Fortschritte anhand der Terminpläne. Die verantwortlichen Projektteammitglieder berichten aus den Arbeitspaketen, die sich aktuell in Arbeit befinden, benennen Fortschritte und eventuell aufgetretene Schwierigkeiten.
Übergreifende Probleme, mit denen sich das gesamte Projektteam beschäftigen muss, werden als eigenes Thema in die Tagesordnung aufgenommen. Dabei geht es darum, die Probleme in den Projektteilen aufzunehmen und zu analysieren sowie passende Lösungen zu entwickeln.
Nicht zuletzt geht es in den Besprechungen auch immer darum, den nächsten Termin für ein Teammeeting zu vereinbaren.

## Was gehört auf die Tagesordnung?

Welche Tagesordnungspunkte das Team letztlich in welcher Reihenfolge in einer Besprechung behandelt, sollte gemeinsam entschieden werden. Wenn alle Teilnehmer in die Tagesordnungsplanung involviert sind, laufen Besprechungen effektiver ab.

### Quellen für Tagesordnungspunkte

Was kommt auf die Tagesordnung?

Wenn der Projektleiter die Tagesordnung zusammenstellt, sollte er bei der Themenauswahl diese Quellen berücksichtigen:

- Übrig gebliebene Themen aus der vorangegangenen Besprechung des Projektteams

- Berichte aus aktuell laufenden Arbeitspaketen, sie gehen aus dem Projektzeitplan hervor
- Kontrolle der Aufgabenliste, sie ist in jeder Projektteambesprechung ein Muss
- Themen, die in der Vorbereitung der aktuellen Besprechung gesammelt und von Teilnehmern vorbereitet wurden

Alle Teilnehmer sollten ihre Themenwünsche grundsätzlich schon vor der Besprechung bekannt geben. Das hat den Vorteil, dass sich die anderen darauf einstellen können.

### Berichte aus den laufenden Arbeitspaketen

Fortlaufender Eintrag in die Tagesordnung

Die Berichte aus den laufenden Arbeitspaketen trägt der Projektleiter fortlaufend in die Tagesordnung ein. Dabei berücksichtigt er alle Arbeitspakete, in denen die Verantwortlichen schon einige Arbeit geleistet haben. So erfährt das Projektteam, wie es um die Arbeitsfortschritte in den anderen Bereichen bestellt ist. Über kleinere Arbeitspakete wird eventuell nur einmal berichtet, aus größeren Arbeitspaketen mehrfach. Für den einzelnen Bericht inklusive der Beantwortung von Fragen stehen dem verantwortlichen Projektteammitglied in der Regel fünf Minuten zur Verfügung.

Falls in einem Arbeitspaket Probleme auftreten, die innerhalb des Projektteils nicht zu lösen sind, muss das verantwortliche Projektteammitglied für die nächste Projektteambesprechung einen Tagesordnungspunkt benennen, der das Problem bezeichnet. Es bereitet sich auf die möglichst differenzierte Beschreibung des Problems vor, stellt eventuell vorhandene Lösungsansätze zusammen und gibt an, welchen Zeitbedarf es für die Lösung im Projektteam für erforderlich hält.

### Themen nachmelden

Punkt »Sonstiges« entfällt

Die letzte Möglichkeit, um Themen auf die Tagesordnung zu setzen, ist der Beginn der Besprechung selbst: Jetzt fragt der Projektleiter das Projektteam, ob aktuell zusätzli-

che Tagesordnungspunkte hinzukommen, die vor Abschluss der Tagesordnung noch nicht absehbar waren. Wenn hier allerdings Themen genannt werden, die keinen unmittelbar aktuellen Anlass haben, müssen diese bis zum nächsten Meeting warten.
Durch dieses Vorgehen entfällt der Tagesordnungspunkt »Sonstiges« am Ende einer Besprechung. Er wird häufig überstrapaziert, zudem konfrontiert er die Teilnehmer oft mit wichtigen Themen, auf die sie dann nicht vorbereitet sind. Fragwürdig wird das vor allem dann, wenn hier schwierige Entscheidungen anstehen. Bringen die Anwesenden aktuell aufkommende Themen dagegen schon zu Beginn einer Besprechung auf den Tisch, können sich alle noch darauf einstellen – oder es ablehnen, diese Themen in die aktuelle Tagesordnung aufzunehmen. Diese Form der Mitbestimmung erhöht die Identifizierung mit dem Projekt und sorgt letztlich auch für ein höheres Maß an Verantwortungsgefühl bei den Projektteammitgliedern.

### Die dynamische Tagesordnung

Team in die Besprechungsgestaltung einbeziehen

Das Tagesordnungssystem sollte flexibel genug sein, um die Projektteammitglieder in die Besprechungsgestaltung einzubeziehen. Daher erfasst es nicht nur die Tagesordnungspunkte, die Namen der Teilnehmer, die die Tagesordnungspunkte vorbereiten, und eine Einschätzung des Zeitbedarfs in Minuten. Zusätzlich sollte eine Punktespalte vorhanden sein, damit die Teilnehmer die Themen priorisieren können, es sollte eine Prioritätenspalte und eine Spalte »O. K.« geben, die ein Abhaken der Punkte ermöglicht.

**Vorteile einer dynamischen Tagesordnung**

Alle entscheiden, nicht nur der Projektleiter.

1) Der Besprechungsablauf wird von allen mitentschieden und damit mitverantwortet.
2) Falls Themen übrig bleiben, ist nicht der Projektleiter beziehungsweise Moderator dafür verantwortlich, welches Thema mit der niedrigsten Priorität versehen wurde, es ist vielmehr eine Teamentscheidung.

3) Der Ablauf ist für alle transparent.
4) Alle Teilnehmer können mit auf die Zeiteinhaltung achten beziehungsweise anders entscheiden, wenn ein Thema länger besprochen werden soll als vorgesehen.

**Welche Informationen sollte die Tagesordnung vermitteln?**

Verantwortlichkeit und Dauer angeben

Wer ist für die Vorbereitung und die Vorstellung des jeweiligen Tagesordnungspunktes verantwortlich? Diese Angabe in der Namensspalte trägt wesentlich dazu bei, die Arbeitsverteilung transparent zu gestalten. Die Fortschritte beziehungsweise Ergebnisse aus den Arbeitspaketen und Teilprojekten werden jeweils von den verantwortlichen Projektteammitgliedern vorgestellt.
Die Zeitspalte gibt einen Überblick über den geschätzten Zeitbedarf der gesamten Besprechung. Selbst wenn bei einzelnen Punkten die Klärung offener Fragen länger dauern kann, ist so zumindest eine Orientierung gegeben. Die Berichte aus den aktuell laufenden Arbeitspaketen sollten nicht mehr als fünf Minuten in Anspruch nehmen – inklusive der Beantwortung von Fragen. Wenn es Probleme gibt, ist das ein eigenes Thema, das einen längeren Zeitraum in Anspruch nehmen kann.

**Themen im Team priorisieren**

Mussthemen und Prioritäten festlegen

Zunächst definieren die Anwesenden die Mussthemen dieser Sitzung, also jene Punkte, die an diesem Tag zwingend zu besprechen sind. Anschließend findet die Priorisierung der weiteren Themen statt. Dazu vergeben die Teilnehmer, auch der Projektleiter, Punkte für die Priorität der Themen. Jeder kann eine bestimmte Anzahl Punkte verteilen, nämlich zwei Drittel der Anzahl der Themen. Bei sechs Themen stehen jedem Projektteammitglied also vier Punkte zur Verfügung. Die Anhäufung von Punkten auf ein Thema ist nicht erlaubt.
Das Punkteergebnis zeigt, welche Priorität der jeweilige Tagesordnungspunkt in der Besprechung besitzt. Punkt-

gleichheit bedeutet, dass beide Themen dem Projektteam gleich wichtig sind. In diesem Fall entscheidet der Projektleiter.

**Themen verschieben**

Themenspeicher nutzen

Oft reicht die Zeit nicht aus, um alle Themen zu besprechen. Da das Team die Priorisierung gemeinsam vorgenommen hat, liegt die Verantwortung dafür, welche Themen im Themenspeicher landen und auf das nächste Mal verschoben werden, bei allen und nicht nur beim Projektleiter.

Wenn ein Thema zum zweiten Mal eine niedrige Priorität erhält und die Zeit dafür wiederum nicht ausreicht, bekommt der verantwortliche Teilnehmer eine Minute, um die Wichtigkeit des Themas zu begründen. Dann vergibt das Team erneut Punkte. Wird dieser Besprechungspunkt auch dann abgelehnt, ist er dem Team offensichtlich nicht wichtig genug, um darüber zu sprechen.

## Die Tagesordnung des konstituierenden Treffens

Beim konstituierenden Treffen ist ein dynamisches Tagesordnungssystem noch nicht erforderlich. Der Projektleiter bereitet hier alle Themen der Tagesordnung vor. Allerdings ist es sinnvoll, das Vorgehen für die Zukunft bereits jetzt anzukündigen und zu erläutern. Dies schafft Transparenz und damit Vertrauen, weil die Projektteammitglieder erkennen können, dass sie auch in den Projektbesprechungen mitgestalten können.

### Die Auftragsliste

Die Bedeutung der Auftragsliste wurde schon an einigen Stellen angedeutet. Wird dieses Dokument sorgfältig geführt, ermöglicht es jederzeit die Kontrolle darüber, ob die Mitglieder des Projektteams alle übernommenen Arbeitsaufträge auch tatsächlich erledigt haben.

#### Die Arbeit mit der Auftragsliste

Gemeinsame Bearbeitung der Auftragsliste

Zu Beginn einer Besprechung enthält sie die Aufträge aus dem letzten Meeting sowie Nachbesserungsarbeiten, die der Auftraggeber eventuell fordert. Diese Arbeiten erledigt das Projektteam in der Besprechung nun gemeinsam oder aber delegiert sie am Ende der aktuellen Besprechung an ein Projektteammitglied. Dieses ist dann für die Erledigung bis zum nächsten Termin verantwortlich.
Die Auftragsliste stellt damit die konkreteste und knappste Form der Ergebnissicherung nach Besprechungen dar.

#### Informationen in der Auftragsliste

Aufgaben aus den Arbeitspaketen gehören nicht in die Auftragsliste.

Aus der Auftragsliste muss eindeutig hervorgehen, um welche Tätigkeiten es sich handelt, wer dafür verantwortlich ist und bis wann die Tätigkeit erledigt sein soll. Die Auftragsliste enthält aber nur die Aufgaben, die aus der Besprechung des Projektteams hervorgegangen sind. Die Arbeiten in den verschiedenen Projektteilen ergeben sich für jedes Projektteammitglied aus dem Projektorganisationsplan und dem Projektzeitplan. Sie müssen nicht extra in Auftrag gegeben werden.

- In der Spalte »Wer?« können ausschließlich die Namen von Personen stehen, die auch in der Besprechung dabei waren. Denn es ist zwar einfach, aber meist erfolglos, Tätigkeiten zu delegieren, ohne zuvor mit dem dann Verantwortlichen Rücksprache zu halten. Wenn keiner der Anwesenden kompetent genug für einen bestimmten Auftrag ist, muss sich jemand zumindest dazu bereit erklären, die Delegierung zu übernehmen.

## Muster Auftragsliste

### Auftragsliste Nr. 7 vom 25.06.2011

**Projekt Schalterhalle**

| Nr. | Auftrag | Wer? | Mit wem? | Bis wann? | O. K. |
|---|---|---|---|---|---|
| 1 | Protokoll/Auftragsliste | Mü | | 28.06.2011 | |
| 2 | Infos Zwischenbericht | Mei/Sch/Ab | | 27.06.2011 | |
| 3 | Terminverkürzung AP 3.2/3.5 | Schu | Ab | 10.07.2011 | |
| 4 | Potenziale Kosteneinsparung | PL | Ab/Mei/Mü | 12.07.2011 | |
| 5 | ... | | | | |

PL = Projektleiter, AP = Arbeitspaket

- In der Spalte »Mit wem?« dürfen nicht nur Anwesende stehen. Möglich sind hier auch Personen, Organisationseinheiten oder Institutionen, die entweder bei der Realisierung helfen können oder als Beteiligte einbezogen werden müssen.
- Die Spalte »Bis wann?« legt den Erledigungstermin für diesen Auftrag fest. Jeder Abschlusstermin sollte auf einer realistischen Zeitschätzung basieren und nicht mehr als drei Monate in der Zukunft liegen. Wenn ein Auftrag in dieser Frist nicht zu erledigen ist, sollte das Projektteam ihn in kleinere Einheiten zerlegen.

Die Auftragsliste zeigt den aktuellen Stand der offenen Aufträge.

Aufträge, die nicht erledigt wurden, gehen in die neue Auftragsliste der aktuellen Besprechung ein. Das Projektteam schreibt diese Liste also ständig fort und ergänzt sie. Damit zeigt sie zu jedem Zeitpunkt den aktuellen Stand der Erledigung beziehungsweise Nichterledigung von Aufgaben an.

Engagement der Projektteammitglieder ist notwendig.

## Die Mitwirkung der Projektteammitglieder

Die beste Tagesordnung nutzt nichts, wenn die Teilnehmer sich vor und während der Besprechung nicht engagieren. Die Zusammenarbeit im Projektteam, die Zuverlässigkeit der Mitglieder und die Effizienz der Besprechungen sind für den Erfolg des Projekts von überragender Bedeutung. Die Projektteammitglieder haben daher rund um die Meetings eine besondere Verantwortung.

Wesentlich ist, dass alle die Regeln, die die Gruppe gemeinsam aufgestellt hat, beachten. Dazu gehört immer, dass persönliche Angriffe und ironische Bemerkungen unterbleiben. Grundsätzlich sollten alle Beteiligten folgende Punkte beachten, wenn eine Besprechung effektiv verlaufen soll:

1) Alle Anwesenden arbeiten an der Sache.
2) Sie sagen, was wichtig ist – auch wenn es wehtut.
3) Sie hören die Argumente der anderen an und beziehen sie in ihre Beiträge ein.
4) Sie lassen Meinungen gelten und vermeiden Killerphrasen.
5) Sie legen offen, welche Ziele sie verfolgen.
6) Sie übernehmen Verantwortung für den Erfolg der Besprechung.
7) Sie akzeptieren, dass der Besprechungsleiter auf die Einhaltung der Spielregeln achtet und den Verlauf steuert.

Gute Vorbereitung sichert den Besprechungserfolg.

## Vor der Besprechung

Um sich auf eine kommende Besprechung vorzubereiten, sollten die Projektteammitglieder sowohl zurück als auch nach vorn schauen. Zum einen gilt es, das Protokoll und die Auftragsliste der letzten Besprechung zu kontrollieren. Sind alle darauf stehenden Aufträge erledigt? Dann folgt der Blick auf die Tagesordnung der kommenden Sitzung. Wenn ein Projektteammitglied einen Tagesordnungspunkt vorstellen soll, sollte es sicherstellen, dass es adäquat vorbereitet ist, etwa durch Tischvorlagen, Entscheidungshilfen oder Datenblätter. Anschließend stellt sich die Frage, ob das Teammitglied etwas zu den Tagesordnungspunkten der anderen Anwesenden beitragen kann. So lässt sich die Zeit eventuell noch nutzen, um zusätzliche Informationen einzuholen. Ziel dieser Vorbereitung ist, in der Diskussion ergebnisorientiert mitreden zu können.

### Während der Besprechung

Aktive Mitarbeit

Damit die Besprechung möglichst effektiv verläuft, sollte jeder der Anwesenden seine eigenen Beiträge kurz halten und anderen Beiträgen konzentriert zuhören. Wer sich eine Meinung zu einem bestimmten Sachverhalt gebildet hat, sollte diese auch äußern, und alle Projektteammitglieder sollten sich gegenseitig zu Wortbeiträgen ermuntern. Sinnvoll ist es, wenn alle Beteiligten darauf achten, dass die Diskussion nicht ausufert: Das erreichen sie, indem sie bei dem Punkt oder dem Thema bleiben, das die Runde gerade bespricht, und ziel- und ergebnisorientiert mitdiskutieren. Wer den Faden verliert, fragt konkret nach – und wer nichts zur Sache beitragen kann, schweigt. Grundsätzliche Hinweise des Moderators werden dabei beachtet. Insgesamt ist die aktive Beteiligung der Projektteammitglieder an den Besprechungen wichtig. Jeder sollte sich zu Wort melden, wenn er konstruktiv etwas zum Thema beitragen kann, Lösungsvorschläge unterbreiten und versuchen, der Gruppe in schwierigen Situationen weiterzuhelfen. Dabei ist die persönliche Haltung »Ich will für den Erfolg der Sitzung sorgen« hilfreich.
Nicht zuletzt sollten alle Beteiligten sich bereit erklären, Aufgaben und Aufträge für das Projekt zu übernehmen.

### Nach der Besprechung

Aufträge bearbeiten, Projektteile vorantreiben

Diese Aufgaben und Aufträge gilt es, nach der Besprechung natürlich auch zu bearbeiten, ebenso sind Vereinbarungen und Zusagen einzuhalten. Dabei sollten die Projektteammitglieder aber die eigenen Projektteile nicht aus den Augen verlieren und eigene Arbeitspakete vorantreiben. Womöglich hat das Projektteam Entscheidungen getroffen, die die eigenen Arbeitspakete betreffen. Diese sollte der Verantwortliche berücksichtigen, wenn er seine Arbeiten fortsetzt.

Alle Beteiligten umgehend informieren

Ein wichtiger Punkt ist die Informationsweitergabe. Die Teilnehmer an der Sitzung achten darauf, dass sie alle Betroffenen über Entscheidungen und Ergebnisse in Kenntnis setzen. Dabei muss aber gleichzeitig der Grundsatz gelten: »Vertrauliches ist vertraulich zu behandeln.«
Problematisch ist es immer, wenn das Projektteam als Ganzes Entscheidungen getroffen hat, mit denen ein Einzelner nicht einverstanden ist. Die Versuchung ist groß, über diesen Beschluss zu klagen. Das bleibt aber meist fruchtlos und trägt eher zur Verwirrung bei. Die Projektteammitglieder sollten daher Entscheidungen des Teams aktiv mittragen und beispielsweise unangenehme Erklärungen nicht anderen überlassen. Es gilt auch der Grundsatz: »Die Meinung über die Gruppe wird in der Gruppe gesagt.«
Bei unliebsamen Beschlüssen sollten die Projektteammitglieder sich auch nicht hinter dem Rücken der anderen Beteiligten an den Projektleiter wenden und ihn privat darum bitten, eine Entscheidung rückgängig zu machen. Besser ist es, in der nächsten Besprechung einen entsprechenden Vorschlag in die ganze Runde einzubringen.

## Die Verantwortungsströme im Projekt

Der Projektmanager hat grundsätzlich die Verantwortung für das Gesamtprojekt. Das bedeutet aber nicht, dass er innerhalb des Projektteams Verantwortung nicht delegieren könnte. Jedes Teammitglied kann bestimmte Projektteile beziehungsweise Arbeitspakete verantwortlich bearbeiten.

### Wer ist wem verantwortlich?

Die wichtigste Delegation von Verantwortung erfolgt immer zwischen Auftraggeber und Projektleiter. Letzterem gegenüber sind die Mitglieder des Projektteams direkt verantwortlich. Der Projektleiter delegiert Aufgaben und Projektteile. Die Projektteammitglieder übernehmen die Detailplanung, die Durchführung und die Kontrolle der fortschreitenden Arbeiten in den ihnen anvertrauten Arbeitspaketen.

### Delegation und Rückmeldung

Wer delegiert Verantwortung an wen?

Das folgende Schaubild zeigt die möglichen Verantwortungsströme in einem Produktentstehungsprojekt. An ihm sind verschiedene Fachbereiche beteiligt, ebenso externe Projektpartner. Diese werden in der Regel vom Projektleiter selbst betreut, das ist aber nicht zwingend. Den Kundenkontakt hält der Projektmitarbeiter aus dem Vertrieb.
Die schwarzen Pfeile zeigen, wer welche Arbeitspakete an wen verantwortlich delegiert hat. Der erste Verantwortungspfeil geht vom Auftraggeber zum Projektleiter. Dieser ist dem Auftraggeber gegenüber dafür verantwortlich, dass die Projektziele erreicht werden. Dabei sind allerdings die Kompetenzen, die der Auftraggeber dem Projektleiter zugestanden hat, zu berücksichtigen – eingeschränkte Entscheidungskompetenz bedeutet eingeschränkte Verantwortung. Von der Projektleitung gehen schwarze Pfeile zu allen Projektteammitgliedern. Diese sind der Projektleitung gegenüber für die Durchführung der ihnen anvertrauten Arbeitspakete verantwortlich.

Wer berichtet wem die Ergebnisse?

Die blauen Pfeile signalisieren, wer wem Rückmeldung geben muss. Die Projektteammitglieder berichten aus ihren Arbeitspaketen im Projektteam und damit dem Projektleiter. In der Regel geschieht das in den Fünf-Minuten-Berichten im Projektteam. Bei gravierenden Problemen kann der Projektleiter aber auch Sondersitzungen einberufen. Der Projektleiter wiederum erstattet Meldung beim Auftraggeber. Dies geschieht meist zu den geplanten Zwischenberichtszeitpunkten. Auch hier sind natürlich Sonderberichte möglich, wenn das Projekt vor großen Schwierigkeiten steht und der Projektleiter allein nicht mehr entscheiden kann.

## Muster Verantwortungsströme

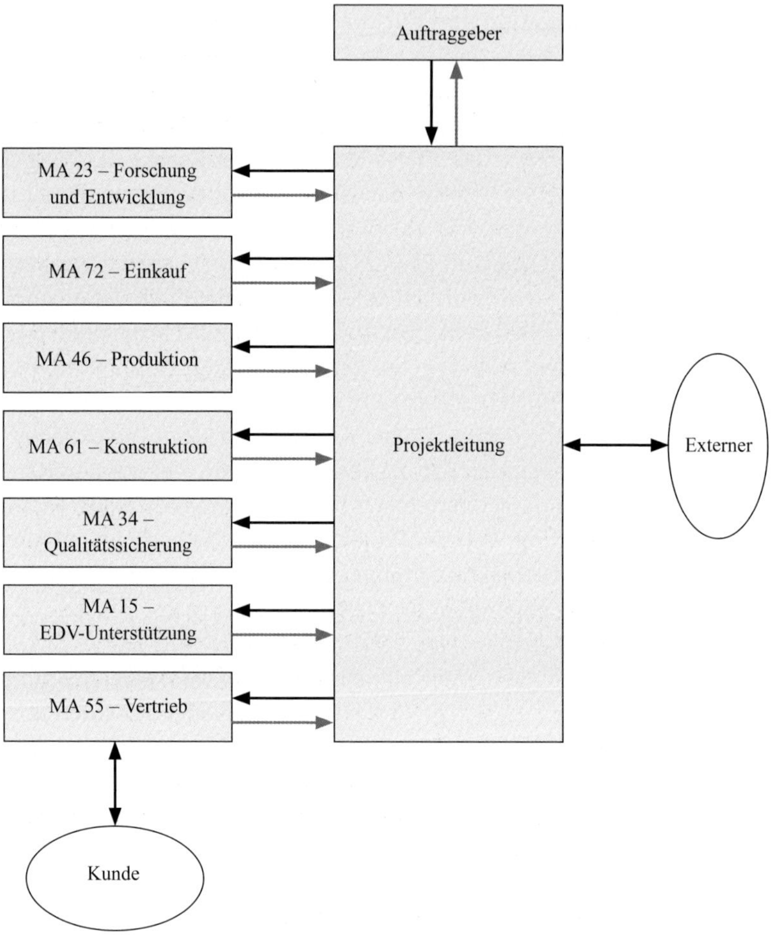


MA = Mitarbeiter

Weitere Mitarbeiter können am Projekt mitwirken.

**Die Aufgabenverteilung im Projektteam**

Das Projektteam plant, kontrolliert und steuert das Projekt. Seine Mitglieder übernehmen die Verantwortung für die Durchführung und Bearbeitung ihrer Projektteile und Arbeitspakete. Möglicherweise benötigen sie dabei die Unterstützung weiterer Mitarbeiter, etwa Techniker, IT-Leute, Handwerker und so weiter. Nicht alle Projektmitarbeiter müssen also Mitglieder des Projektteams sein. Wenn Arbeitspakete mithilfe von Personen bearbeitet werden, die nicht dem Projektteam angehören, übernimmt das verantwortliche Projektteammitglied deren Betreuung. Daneben kann es natürlich auch vorkommen, dass mehrere Projektteammitglieder auch außerhalb der Teambesprechungen miteinander am Projekt weiterarbeiten oder dass der Projektleiter mit den Projektteammitgliedern die Arbeit fortsetzt. In allen Fällen dient die Projektbesprechung dafür, alle immer auf dem aktuellen Stand zu halten.

Subsidiaritätsprinzip beachten

**Probleme im Projekt lösen**

Es gibt kein Projekt, in dem nicht an irgendeiner Stelle kleinere oder größere Probleme auftreten. Grundsätzlich kommt bei der Problemlösung das sogenannte Subsidiaritätsprinzip zum Einsatz. Das heißt, Probleme, die in den Projektteilen gelöst werden können, sollen auch dort gelöst werden. Erst wenn dies nicht möglich ist, trägt der Verantwortliche das Problem in das Projektteam. Dieselbe Regel gilt auch für die nächste Problemstufe: Was das Projektteam selbst regeln kann, regelt es. Erst wenn das Team an seine Grenzen stößt, behelligt es den Auftraggeber mit den Schwierigkeiten.

Interventionsmöglichkeiten bei Budgetüberschreitungen

**Was tun bei einer Kostenüberschreitung?**

Was kann ein Projektteammitglied tun, wenn sich im Laufe der Projektarbeit herauskristallisiert, dass das veranschlagte Budget in seinem Projektteil nicht ausreicht? Im ersten Schritt wird es gemeinsam mit seinen Mitarbeitern, die in das Projekt eingebunden sind, eine Ideensammlung

starten. Durch welche Varianten und Maßnahmen lassen sich die Kosten senken?
Angenommen, im Arbeitspaket »Werkzeuge bestellen« eines Projekts droht eine Kostenüberschreitung. Geeignete Maßnahmen, um die Kosten zu reduzieren, können zum Beispiel sein:

- Verhandlung mit den externen Anbietern
- Reduzierung der qualitativen Anforderungen
- Zusicherung einer Mindestbestellmenge innerhalb eines definierten Zeitraums
- Abstriche bei der Gewährleistung
- Toleranzen ausweiten
- Abstriche an den geforderten Materialien
- Berücksichtigung von Konkurrenzangeboten mit einem höheren Risiko hinsichtlich der Einhaltung von Lieferterminen

**Kompetenzrahmen ist entscheidend**

Entscheidung im Projektteil möglich?

Einige der Maßnahmen liegen im Kompetenzrahmen des Projektteammitglieds und können damit innerhalb des Projektteils ergriffen werden. Wenn die Kosten damit in den Griff zu bekommen sind, ist der Fall gelöst. Der Verantwortliche berichtet über die Schwierigkeiten und die Gegenmaßnahmen in der nächsten geplanten Projektteambesprechung.
Andere Ideen dagegen überschreiten den Kompetenzrahmen des Projektteammitglieds. In diesen Fällen muss der Verantwortliche den Fall im Projektteam vortragen. Dort lässt sich das Problem eventuell dadurch lösen, dass in anderen Projektteilen Kosten eingespart werden. Das Gesamtbudget des Projekts bliebe in diesem Fall unverändert, es erfolgte lediglich eine Verschiebung zwischen den einzelnen Projektteilen. Voraussetzung für dieses Vorgehen ist allerdings, dass der Projektleiter frei über das Gesamtbudget verfügen und über solche Anpassungen entscheiden kann.
Ist dies nicht der Fall, muss der Projektleiter den Auftraggeber einschalten. Das ist auch dann nötig, wenn das Pro-

jektteam selbst keine Lösung für das Problem findet. Wenn das Projekt das Gesamtbudget überschreitet, muss der Auftraggeber unbedingt frühzeitig informiert werden.

**Was tun bei einer Terminüberschreitung?**

Steuerungsmöglichkeiten bei Terminüberschreitung

Wenn in einem Projektteil eine Terminüberschreitung droht, kann der Verantwortliche ebenfalls verschiedene Maßnahmen überlegen, um dies zu verhindern, etwa:

- Einsatz zusätzlicher Personalressourcen, also zusätzlicher Arbeitszeit beziehungsweise zusätzlicher Mitarbeiter
- Fremdvergabe bestimmter Aufgaben, zum Beispiel bei Kundenbefragungen
- Kürzung der vorgesehenen Aufgaben, zum Beispiel Besichtigung von nur drei Referenzobjekten statt der geplanten fünf
- Reduzierung der Qualitätskriterien
- Einkauf von Leistungen statt Produktion im eigenen Haus

**Was kann der Verantwortliche selbst entscheiden?**

Bei Lösung reicht ein Bericht in der Projektbesprechung

Auch in dieser Liste gibt es Maßnahmen, die das Projektteammitglied eventuell innerhalb seines Projektteils allein entscheiden kann. Hat es damit eine Lösung erreicht, genügt ein Bericht in der nächsten Besprechung des Projektteams.

Es stehen aber auch Maßnahmen auf der Liste, die im Projektteam, eventuell sogar vom Auftraggeber entschieden werden müssen. Die Fremdvergabe bestimmter Aufgaben zum Beispiel ist mit zusätzlichen Kosten verbunden. Zudem kann so nicht das gesamte veranschlagte Zeitvolumen eingespart werden, da für die Beauftragung, die Ausschreibung, die Angebotssichtung, die Kontrolle der Leistungen und so weiter ebenfalls Zeit benötigt wird. Die Fremdvergabe ist also eine Maßnahme, deren Erfolg schwierig einzuschätzen ist und die in der Regel das Projektteam diskutieren sollte.

Sollte der Verantwortliche keine Möglichkeit sehen, die Terminüberschreitung zu vermeiden, muss er das Problem im Projektteam vortragen. Eventuell können andere Projektteile die abhängigen Arbeitspakete später beginnen und in kürzerer Zeit bearbeiten, um das Problem zu lösen. In diesem Fall erfolgt nur eine Modifikation des Zeitplans. Der Projektleiter berichtet dann im nächsten geplanten Zwischenbericht dem Auftraggeber über die Steuerungsmaßnahme.

Verschiebung des Endtermins nur durch den Auftraggeber

Im schlimmsten Fall hat die Terminüberschreitung eine Kettenreaktion zur Folge. Die folgenden abhängigen Arbeitspakete können die Verzögerung nicht kompensieren, sodass der Endtermin des Projekts gefährdet ist. Dann muss der Projektleiter den Auftraggeber informieren. In der Regel kann nur dieser den Endtermin des Projekts verschieben.

## Die Motivation durch den Projektleiter

Der Projektleiter nimmt die zentrale Position im Projekt ein. Er ist dafür verantwortlich, dass das Vorhaben erfolgreich verläuft, er führt und koordiniert das Projektteam, hält den Kontakt zu externen Projektpartnern und erstattet dem Auftraggeber regelmäßig Bericht über die Fortschritte im Projekt.

### Gute Rahmenbedingungen schaffen

Spätestens mit dem Eintritt in das Berufsleben ist das Leistungsmotiv fertig ausgebildet und lässt sich von außen nur noch sehr geringfügig und mit hohem Einsatz steigern. Es ist allerdings möglich, die Motivation von Projektmitarbeitern zu beschädigen.

### Leistungsmotivation ermöglichen

Bedürfnisse der Projektteammitglieder beachten

Für den Projektleiter kommt es darauf an, seinen Projektteammitgliedern Rahmenbedingungen zu bieten, in denen sie ihr Leistungsmotiv möglichst optimal umsetzen können. Dafür sollte er ihre Bedürfnisse kennen und versuchen, diese möglichst gut mit den Projektzielen in Einklang zu bringen. Motivation ist keine abgrenzbare Einzelmaßnahme, sondern die Gestaltung eines Handlungsrahmens. In ihm sollten sich die Projektmitarbeiter mit ihren fachlichen Kompetenzen, ihren Fähigkeiten und Fertigkeiten gut einbringen können.

Was ist nötig für eine gute Motivation?

**Motivationsfaktoren in Projektgruppen**

Befragungen von Mitarbeitern zeigen in der Regel ein breites Spektrum unterschiedlicher Motivationsfaktoren.

- **Teamgeist:** Er zeigt sich darin, dass das Team gut mitarbeitet und auf den Projekterfolg vertraut. Es herrscht ein gutes Arbeitsklima und die Arbeitsverteilung ist fair. Keiner verweigert sich, Probleme werden offen angesprochen.
- **Erfolg:** Die Aufgaben im Projekt sind anspruchsvoll, interessant und sinnvoll. Die Teammitglieder haben Einfluss und können etwas bewegen. So ist es ihnen möglich, Ziele zu erreichen und Fortschritte zu erzielen.
- **Wertschätzung:** Alle Beteiligten erkennen die Leistungen im Projekt an und das Vorhaben genießt im Unternehmen Reputation. Der Vorgesetzte hat Zeit für seinen Mitarbeiter und drückt seine Wertschätzung aus. Wenn Kritik geübt wird, ist sie konstruktiv und sachlich. Die Projektteammitglieder sind als Experten gefragt und spüren, dass sie gebraucht und zügig informiert werden. Der Projektleiter lässt sich von den Fachleuten beraten.
- **Arbeitsbedingungen:** Der zur Verfügung gestellte Raum ist für die Arbeit geeignet, alle Arbeitsmittel sind auf dem neuesten Stand und die EDV-Unterstützung funktioniert.
- **Orientierung:** Der Projektleiter kann sich klar ausdrücken und sagt, was Sache ist. So weiß jeder genau, was zu tun ist. Die Projektfortschritte sind sichtbar und das Projekt wird gut beherrscht.

Diese Punkte zeigen deutlich, was Projektteammitglieder erwarten. Jeder im Team ist dafür zuständig, dass diese Bedürfnisse auch erfüllt werden. Besonders gilt das natürlich für den Projektleiter. Er kann durch sein eigenes Führungsverhalten entscheidend dazu beitragen, dass Projektmitarbeiter sich stark mit dem Projekt und seinen Zielen identifizieren, motiviert und engagiert für die Erreichung der Projektziele eintreten.

### Krisenzeichen im Projektteam

Wenn die Projektarbeit stockt

Leider gibt es aber immer wieder Projekte, in denen die Zusammenarbeit weniger gut funktioniert. Der Projektleiter sollte die Anzeichen für eine Krise im Projektteam erkennen, um frühzeitig gegensteuern zu können:

- Projektteammitglieder kommen nicht zu den Besprechungen und schicken keine Stellvertreter.
- Es kommen keine Informationen aus den verschiedenen Projektteilen oder sie kommen zu spät.
- Entscheidungen müssen immer wieder vertagt werden, weil ein Teammitglied fehlt, dessen Einschätzung zu dieser Frage wichtig ist.
- Der Projektleiter geht durch die einzelnen Fachabteilungen und sucht die Projektmitarbeiter an ihrem Arbeitsplatz auf, um Zusagen zu erhalten.
- Die im Projektteam vereinbarten Regeln werden nicht eingehalten, zum Beispiel hinsichtlich der Pünktlichkeit oder der Vereinbarung, keine Telefonate während der Besprechungen anzunehmen.
- Die Teammitglieder halten sich nicht an Vereinbarungen und Zusagen.

Einschreiten ist notwendig.

Es ist klar, dass unter diesen Voraussetzungen die Projektziele gefährdet sind. Hier sind sofortige Korrekturen erforderlich, die im Extremfall bis zum Abbruch des Projekts reichen können. Zunächst aber sollte der Projektleiter alle Möglichkeiten ausschöpfen, die ihm zur Verbesserung der Motivation im Team zur Verfügung stehen.

### Der Fachkompetenz der Teammitglieder vertrauen

In der Regel hat nicht der Projektleiter das erforderliche Spezialwissen, sondern die Experten aus den verschiedenen Fachabteilungen, die im Projektteam versammelt sind. Der Projektleiter sollte diesen Vorteil nutzen, Aufgaben verantwortlich zu delegieren, seine Teammitglieder bei Problemen anzusprechen und um Lösungsvorschläge zu bitten. Kontrollen sollte er sachbezogen und in vereinbarten Intervallen vornehmen.

### Leistungen würdigen

Der eigene Anteil am Erfolg

Den eigenen Anteil am Erfolg anerkannt zu sehen, ist ein mächtiger Motivationsfaktor. Das kann der Projektleiter nutzen, indem er die Leistungen den betreffenden Mitarbeitern zuschreibt – auch bei der Präsentation beim Auftraggeber. Zudem ist immer wieder ein Lob den Teammitgliedern gegenüber angebracht. Je detaillierter der Projektleiter dabei ist, desto glaubwürdiger wird die Anerkennung.

### Sachbezogen kritisieren

Kritik an der Sache, nicht an der Person

Natürlich ist auf der anderen Seite auch Kritik erlaubt. Allerdings ist es wichtig, dass diese immer sachbezogen ausfällt. Es ist zudem Aufgabe des Projektleiters, dafür zu sorgen, dass auch die Rückmeldungen der anderen Projektteammitglieder fair und akzeptierbar ausfallen. In den Projektbesprechungen sollte es nicht darum gehen, einen Schuldigen zu suchen, sondern Problemlösungen zu finden.

### Für Transparenz sorgen

Guter Informationsfluss

Ein guter Informationsfluss ist nicht nur wichtig für den Projektfortschritt, sondern auch für die Motivation der Projektteammitglieder. So entsteht Transparenz über die Vorgänge bei allen Beteiligten. Der Projektleiter hat dafür zu sorgen, dass Informationen zügig und vollständig dorthin gelangen, wo sie benötigt werden.

Gemeinsam Entscheidungen treffen

**Keine einsamen Entscheidungen fällen**
Gerade weil in Projektteams Fachleute aus verschiedenen Abteilungen zusammenkommen, ist es angebracht, sie in Entscheidungen einzubeziehen. Gleichzeitig ist es Aufgabe des Projektleiters, den Beteiligten deutlich zu machen, wie weit der Entscheidungsspielraum des Teams geht und welche Grenzen der Auftraggeber gesetzt hat.

Die Richtung vorgeben

**Strukturiert vorgehen**
Der Projektleiter gibt im Projekt die Richtung vor – immerhin ist er dafür verantwortlich, dass es erfolgreich verläuft. Es ist wichtig, dass er für eine klare Orientierung hinsichtlich der nächsten Arbeitsschritte sorgt, zeitnah entscheidet und weiterführende Anweisungen erteilt.

## Die Moderation des Projektteams

Die Moderation des Projektteams während der Sitzungen ist eine Kernaufgabe des Projektleiters. Hierfür stehen ihm verschiedene Techniken, Methoden und Kommunikationsfertigkeiten zur Verfügung.

### Die Rolle des Moderators

Der Moderator als methodischer Helfer

Grundsätzlich nimmt der Projektleiter eine spezifische Grundhaltung ein, sobald er in die Moderatorenrolle schlüpft: Er versteht sich als methodischer Helfer der Gruppe. Das bedeutet, dass er sich damit zurückhält, eigene Vorschläge einzubringen oder die der anderen Anwesenden zu bewerten. Er hat das Ziel, das fachliche und kreative Potenzial des Teams optimal zu nutzen. Eigene, vorschnelle Statements und fachliche Überzeugungen und Bewertungen könnten dieses Ziel gefährden.

**Die Frage der Neutralität**
In der idealtypischen Darstellung der Moderatorenrolle ist die »sachliche Neutralität« ein ebenso wichtiger wie umstrittener Punkt. Ein Projektleiter kann in vielen sachli-

Der Projektleiter muss fachlich Stellung beziehen.

chen Fragen nicht neutral bleiben. Das Team will seine fachliche Überzeugung kennen und sich damit auseinandersetzen. Die fachliche Kompetenz des Projektleiters kann inhaltlich stark zur Lösung von Problemen beitragen. Der Moderator befindet sich im Projektteam also in einer Doppelrolle. Einmal tritt er in der Rolle des methodischen Helfers der Gruppe auf, zum andern aber steckt er auch in der Rolle des Projektleiters, der eine bestimmte Fachkompetenz ins Team einbringen soll.

Erst die Projektteammitglieder, dann der Projektleiter

In dieser Doppelrolle bedeutet seine Neutralität nicht, dass der Projektleiter auf sachliche Positionierung verzichtet. Allerdings haben die Teammitglieder Vorrang, wenn es darum geht, Ideen einzubringen. Erst wenn sie keine Vorschläge mehr haben, stellt der Projektleiter eigene fachliche Beiträge vor und diskutiert mit.

Die Doppelrolle erfordert Disziplin und Transparenz. In der Moderatorenrolle kann der Projektleiter jederzeit eingreifen, bei der inhaltlichen Auseinandersetzung beteiligt er sich, wenn sein Beitrag an der Reihe ist.

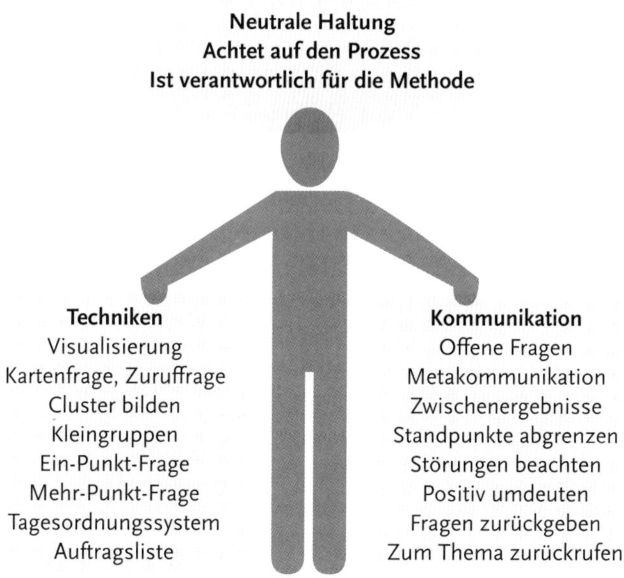


Der Projektleiter in seiner Rolle als Moderator

## Grundlagen der Moderation

Die Diskussion im Team lenken

Moderation im Projekt bedeutet, dem Team Raum zu geben für seine Ideen und sein fachliches Engagement. Die klassische Methode »Besprechen wir das mal« führt allerdings in der Regel nicht zu befriedigenden Ergebnissen. So kommt es zum Beispiel bei der Sammlung von Ideen oft bereits in der Ideenfindungsphase zu vertiefenden Diskussionen. Die Folge: Möglicherweise werden gute Alternativen überhaupt nicht mehr vorgetragen. Das ist nicht nur ein Qualitätsverlust, sondern trägt unter Umständen auch dazu bei, dass einige Mitglieder im Projektteam unzufrieden und inaktiv sind.
Wenn dann während der Diskussion noch die probaten Mittel fehlen, die Ergebnisse zu visualisieren, entsteht zudem ein Effizienzverlust. Denn jedes Teammitglied geht bei der Lösungssuche auf unterschiedliche Ansätze ein. Der einzelne Teilnehmer kann sich unmöglich merken, was andere zu den von ihnen angesprochenen Aspekten gesagt haben. Ohne Visualisierung geht die Diskussion zufällige Wege. So entwickeln sich gleichzeitig mehrere Diskussionsprozesse, die wenig miteinander zu tun haben. Es gibt nicht eine Besprechung, sondern etliche Besprechungen gleichzeitig im selben Raum, weil sich kleine Diskussionsgruppen bilden.

### Der Wert der Moderation

Erst Moderationsmethoden machen Besprechungen effizient. Moderation stellt Hilfen für die unterschiedlichsten Anforderungen im Projektteam zur Verfügung.

## Visualisierung nutzen

Inhalte sichtbar machen

An vorderster Stelle steht die Visualisierung, eine oft unterschätzte Technik in Gruppenprozessen. Wenn der Moderator die Beiträge gut visualisiert, schafft er damit eine bessere Themen- und Ergebnisorientierung im Team.

Das ist meist dringend notwendig, denn empirischen Untersuchungen zufolge nutzen Teilnehmer in Besprechungen nur etwa 30 Prozent der Zeit themen- und ergebnisorientiert.

Alle Punkte für die Diskussion festhalten

Die Visualisierung dient vor allem dazu, die Beiträge, Argumente und Überlegungen, die aus dem Team kommen, schriftlich festzuhalten. Wer kann schon alles in Erinnerung behalten, was die anderen Teilnehmer gesagt haben? Die geeignete Visualisierung stellt allen Teilnehmern das relevante Material vor Augen und unterstützt die konstruktive Auseinandersetzung mit allen Aspekten, die in der sachlichen Auseinandersetzung bedenkenswert sind. Jeder hat die Ideen, Gedanken und Einwände der anderen Teilnehmer vor Augen und kann in seinen Beiträgen konkret darauf Bezug nehmen. Der Moderator kann die angesprochenen Aspekte der Reihe nach behandeln – kein Ansatz geht verloren.

### Weitere Techniken und Methoden

Moderationsmöglichkeiten für verschiedene Ziele der Besprechung

Mit weiteren Techniken und Methoden kann der Moderator in einer Besprechung gezielt auf bestimmte Ergebnisse hinarbeiten – etwa eine Ideensammlung vorantreiben oder Strukturen ausarbeiten.

- Die **Kartenabfrage** ist am besten geeignet, wenn es um eine breit angelegte Ideensammlung geht, die das Team später ordnen, strukturieren und weiter bearbeiten soll. Diese Methode eignet sich hervorragend zur Erarbeitung des Projektstrukturplans.
- Die **Zuruffrage** (auch Brainstorming oder Gedankensturm) passt für Ideensammlungen, die nicht weiter geordnet und strukturiert werden sollen. Diese Methode hat ihre Vorteile, wenn das Projektteam die Regeln für die Zusammenarbeit im Team festlegt.
- **Clustern** bedeutet, Ideen zu strukturieren und Zusammengehörendes zusammenzubringen. Diese Visualisierung kommt zum Beispiel zum Einsatz, wenn die Projektteammitglieder Arbeitspakete einem Projektteil zuordnen und so einen Überblick herstellen.

- Die **Kleingruppenarbeit** kann arbeitsteilig oder nicht arbeitsteilig durchgeführt werden. Bei der nicht arbeitsteiligen Kleingruppenarbeit erhalten alle die gleiche Fragestellung und entwickeln aus eigener Sicht eine große Bandbreite von Antworten. Die arbeitsteilige Kleingruppenarbeit ist sehr effektiv, wenn das Gesamtproblem bereits strukturiert ist und verschiedene Projektteile festgelegt sind. Die Teilnehmer bearbeiten dann jeweils Fragen zu einzelnen Projektteilen.
- Die **Ein-Punkt-Frage** kommt zum Einsatz, wenn es um die Einschätzung oder Sichtweise des Projektteams zu einer bestimmten Frage geht. Dazu sind die Projektteammitglieder aufgefordert, ihre Einschätzung zu bestimmten Fragen auf einer Skala von 0 bis 100 einzutragen. Das Ergebnis ist die visuelle Darstellung der Gruppenmeinung. Die Teammitglieder sollen nach der Bepunktung erläutern, warum sie ihren Punkt an diese Stelle gesetzt haben. Aus dieser geordneten Runde geht eine Vielzahl von Argumenten hervor, die eine gemeinsame Risikoeinschätzung unterstützen.
- Die **Mehr-Punkte-Frage** kommt zum Einsatz, wenn das Projektteam eine Priorisierung vornehmen muss. Jeder Teilnehmer darf dabei eine bestimmte Anzahl Punkte auf Vorschläge verteilen. Die Vorschläge, die die meisten Punkte auf sich vereinen können, finden im Projektteam die größte Zustimmung. Diese Methode wurde bereits bei der Priorisierung der Tagesordnungspunkte beschrieben.

### Kommunikations- und Lenkungstechniken

Diskussion nicht laufen lassen, sondern steuern

Es ist Aufgabe des Projektleiters, die Teambesprechungen in die gewünschte Richtung zu lenken. Er braucht also Techniken, die es ihm ermöglichen, eine Diskussion anzuregen, gezielt Informationen zu erfragen oder auch für Effizienz in den Besprechungen zu sorgen.

**Lenkungstechniken in moderierten Projektgruppen**

| Technik (Ziele) | Beispielformulierungen |
|---|---|
| **Verstärken, Anregen, Provozieren** (Team aktivieren, Information erhalten) | »Ich bin mir noch unsicher, ob wir uns für diese Lösung starkmachen sollten.« »Was halten Sie davon?« |
| **Interpretieren lassen** (gemeinsames Verständnis sichern, Inhalte vertiefen) | »Ich bin mir nicht ganz sicher, ob wir auch alle verstanden haben, was Sie meinen.« »Können Sie das noch präzisieren?« |
| **Zusammenfassen lassen** (gleichen Stand für alle Teammitglieder erreichen, gemeinsames Verständnis sichern) | »Können Sie Ihre Aussage für unsere Visualisierung kurz zusammenfassen?« |
| **Konkretisieren lassen** (Behauptungen begründen lassen, Argumentation ermöglichen) | »Mit welchen aktuellen Daten können Sie Ihre Behauptung belegen?« »Nennen Sie uns dazu bitte ein aktuelles Beispiel.« |
| **Erbitten von Vorschlägen, Ergänzungen** (Team aktivieren, unterschiedliche Sichtweisen erfahren) | »Was können wir sonst noch alles tun?« »Kann vielleicht jemand die Gedanken von Herrn Meier noch weiter ausführen und erläutern?« |
| **Pausen machen** (Gedanken klären, starke Emotionen abklingen lassen) | »Wollen wir dieses Thema nach einer kurzen Pause wieder aufgreifen?« »Dann können wir uns in der Pause noch Gedanken dazu machen.« |
| **Auf das Thema zurückführen** (für Themenorientierung sorgen, Effizienz bei der Besprechung) | »In welcher Weise berühren diese Ausführungen unser Thema?« »Wollen wir nicht erst dieses Problem zu Ende besprechen?« »Ich verstehe Ihre Sorge, aber haben wir diesen Punkt nicht schon besprochen?« |
| **Abgrenzen lassen** (klären, worin der Dissens besteht, konträre Positionen genau verstehen) | »Können wir versuchen, die bisher geäußerten Meinungen gegeneinander abzugrenzen?« |
| **Inhalte zusammenfassen und fokussieren** (Zwischenergebnis sichern, offene Fragen präzisieren) | »Ich fasse einmal zusammen, was wir bis jetzt diskutiert haben: ...« |

**Lenkungstechniken in moderierten Projektgruppen (Fortsetzung)**

| Technik (Ziele) | Beispielformulierungen |
|---|---|
| **Fragen ins Plenum zurückgeben** (das Team nicht dominieren, direkte Kommunikation fördern, aktive Teilnahme fördern) | »Wer möchte auf die Frage von Frau Y. eingehen?« |
| **Störungen beachten** (Nebenunterhaltungen, störende Geräusche, Unkonzentriertheit unterbinden) | »Lassen Sie uns doch an Ihrem Problem teilhaben – es interessiert uns.« »Lassen Sie uns bitte wieder das Fenster schließen.« »Lassen Sie uns zehn Minuten Pause machen – anschließend fällt es uns sicher leichter, eine Entscheidung herbeizuführen.« |
| **Offene Fragen** (einen großen Spielraum für Antworten lassen, die Teilnehmer zum Sprechen veranlassen, keine vorgegebene Antwort nahelegen) | »Welche Maßnahmen schlagen Sie vor, um die Kosten in diesem Projektteil im Budgetrahmen zu halten?« »Aus welchen Gründen kann das Arbeitspaket nicht termingerecht abgeschlossen werden?« |
| **Metakommunikation** (über eine missglückte Besprechung reden) | »Lassen Sie uns überlegen, wie wir mit diesem Problem umgegangen sind. Ich habe das Gefühl, wir haben alle sehr viel zu sagen gehabt und keiner hat richtig zugehört. Ich denke, wir sollten uns für das Problem mehr Zeit nehmen und die Alternativen noch besser abwägen.« |

### Killerphrasen ins Leere laufen lassen

»Stur konstruktiv bleiben«

Eine besondere Bedeutung kommt dem konstruktiven Umgang mit sogenannten »Killerphrasen« zu. Sie können den Verlauf von Besprechungen stark beeinträchtigen. Die Devise bei Moderationen lautet: »Stur konstruktiv bleiben«. Das Interesse am Ergebnis steht über allen ärgerlichen Auseinandersetzungen.

Killerphrasen sind nur scheinbar Argumente – in Wirklichkeit sind es unsachliche Äußerungen mit dem Ziel, das

| Konstruktiver Umgang mit Killerphrasen in moderierten Projektgruppen | |
|---|---|
| **Killerphrase** | **Reaktion** |
| »Da kann ich Ihnen viele Beispiele nennen, bei denen das gründlich in die Hose ging.« | **Prinzip: wörtlich nehmen**<br>»An diesen Beispielen sind wir interessiert – bitte sagen Sie uns genau, was da war.« |
| »Denken Sie auch mal ausnahmsweise an die Kosten?« | **Prinzip: positiv umformulieren**<br>»Sie machen sich Sorgen, dass wir den Kostenaspekt noch zu wenig beachtet haben. Wo – glauben Sie – haben wir noch Möglichkeiten, die wir nutzen sollten?« |
| »Ich wusste ja gar nicht, dass du so karrieregeil bist!« | **Prinzip: positiv umformulieren**<br>»Ich finde gut, dass dir aufgefallen ist, wie engagiert und erfolgreich ich mich für unsere gemeinsamen Ziele einsetze.« |
| »Das haben wir schon vor zehn Jahren versucht – es hat schon damals nicht funktioniert.« | **Prinzip: Zeitrahmen wechseln**<br>»Das ist richtig. Damals aber fehlten uns die heutigen technischen Rahmenbedingungen. Lassen Sie uns gemeinsam überlegen, wie wir einen neuen Versuch starten können.« |
| »Wieso erledigen Sie das nicht? Andere Anbieter machen das doch auch!« | **Prinzip: sachlichen Kontext wechseln**<br>»Sie ziehen Leistungskataloge anderer Anbieter heran. Bitte legen Sie mir diese vor – ich bin gern bereit, unsere Leistungen zu vergleichen. Ich mache mir da keine Sorgen.« |
| »In Ihren Berichten stehen die Arbeitsfortschritte immer so positiv da – Sie machen uns doch etwas vor!« | **Prinzip: Konfrontation**<br>»Sie wollen damit sagen, dass meine Mitarbeiter und ich hier falsch berichten – meinen Sie das wirklich?« |

Gegenüber abzuwerten. Sie können Moderatoren ratlos machen – wenn ihnen in der prekären Situation keine gute Antwort einfällt. Die gezeigten Prinzipien sorgen für gute und schlagfertige Antworten und lenken zudem das

Gespräch in eine konstruktive Richtung. Besonders das Prinzip »positiv umformulieren« kann aus vielen schwierigen Situationen herausführen.

## Probleme lösen und Entscheidungen vorbereiten

Entscheidungen treffen ist Aufgabe des Projektleiters

Auch wenn in der Regel Entscheidungen im Projektteam, in den Projektteilen oder in Zusammenarbeit mit dem Auftraggeber gefällt werden, ist dies vor allem die Verantwortung des Projektleiters.

**Aufstellen einer Kriterienliste**
Woran sind gute Entscheidungen zu erkennen? Sinnvoll ist es, eine Kriterienliste für die schrittweise Entscheidungsfindung aufzustellen.

Gute Entscheidungen treffen

**Inhalt einer Kriterienliste**

1) »Wir haben alle verfügbaren Informationen genutzt.«
Die Verantwortlichen haben alle verfügbaren Informationen zusammengetragen, die das Problem beziehungsweise die zu entscheidende Frage betreffen. Dabei haben sie die Fachkenntnisse, die im Projektteam versammelt sind, einbezogen und eventuell weitere Quellen außerhalb des Projektteams genutzt.
2) »Wir haben alle Vor- und Nachteile bedacht.«
Die Verantwortlichen haben alle erkennbaren Vor- und Nachteile jeder infrage kommenden Entscheidung bedacht und abgewogen. Im Team wurden alle Aspekte aufgelistet, bewertet und nach ihrem Gewicht in die Entscheidungsfindung einbezogen.
3) »Wir haben alle sichtbaren Folgen berücksichtigt.«
Die Verantwortlichen haben alle sichtbaren Folgen der zu treffenden Entscheidungen bedacht. Dabei haben sie alle Folgen daraufhin untersucht, welchen Einfluss sie auf den weiteren Projektverlauf haben werden.

4) »Kalkulierte Risiken nehmen wir in Kauf.«
Das Projektteam geht zusammen mit der Projektleitung kalkulierte Risiken ein. Es lähmt sich nicht selbst durch den Anspruch, alle Risiken auszuschalten. Risiken, die die Verantwortlichen bewusst in Kauf nehmen, sind hinsichtlich der Wahrscheinlichkeit ihres Eintretens und hinsichtlich der damit verbundenen Folgen kalkuliert.
5) »Alternativen sind uns bekannt.«
Das Projektteam hat zu allen Entscheidungen die möglichen Alternativen bedacht. Die Entscheidungsalternativen mit ihren Varianten wurden verglichen und bewertet.
6) »Wir haben Beratungsleistungen in Anspruch genommen.«
Das Team und der Projektleiter scheuen sich nicht, Beratung in Anspruch zu nehmen, sofern diese etwas zur Entscheidungsfindung beitragen kann. Dabei werden keine Personen oder Institutionen ausgeklammert – wer sachlich Sinnvolles beitragen kann, dessen Rat ist willkommen.
7) »Entscheidungen können wir überdenken.«
Das Projektteam und der Projektleiter sind stets bereit, einmal getroffene Entscheidungen zu überdenken. Das führt aber nicht zu einer (unbegründeten) Verzögerung, sondern ist sachlich begründet.
8) »Wir schieben Entscheidungen nicht auf.«
Die Projektleitung lässt es nicht zu, dass wichtige Entscheidungen aufgeschoben werden. Sie sorgt im Projektteam für möglichst zeitnahe und qualitativ hochwertige Entscheidungen.
9) »Wir übernehmen Verantwortung.«
Die Projektleitung zögert nicht, eigene Entscheidungen zu treffen, die in ihrer Kompetenz liegen, und diese zu verantworten. Sie zögert auch nicht, notwendige Entscheidungen vom Auftraggeber einzufordern.

### Bearbeiten einer Kriterienliste

Vor- und Nachteile auflisten und bewerten

Wie genau geht nun ein Projektteam vor, wenn eine Kriterienliste bearbeitet werden soll? Als Beispiel dafür soll die Auflistung von Vor- und Nachteilen dienen. Im folgenden Fall geht es um die Entscheidung, wer zukünftig die planungsrechtliche Prüfung in Bauplanungen vornimmt. Bisher war das eine zentral wahrgenommene Aufgabe, die als Serviceleistung allen Planungsteams zur Verfügung gestellt wurde. Nun steht die Frage im Raum, ob diese Aufgabe künftig von den einzelnen Planungsteams wahrgenommen werden soll.

Das Projektteam »Reorganisation der Zuständigkeiten« listet dabei im Brainstormingverfahren die Vor- und Nachteile einer solchen Entscheidung auf. Dieses Vorgehen sichert eine gute Themen- und Ergebnisorientierung. Befürworter und Gegner diskutieren und bewerten systematisch alle Aspekte. Nach der Diskussion kann der Moderator die Gruppenmeinung durch eine Punktebewertung feststellen, zum Beispiel, indem alle Teammitglieder bis zu drei Punkte je Zeile vergeben. Das Ergebnis zeigt an, ob nach Einschätzung des Projektteams die Vor- oder die Nachteile überwiegen. Stellt sich ein Nachteil als so gravierend heraus, dass er zum K.-o.-Kriterium wird, kann die Bewertung der anderen Vor- und Nachteile unterbleiben. Der nächste Schritt in der Entscheidungsfindung steht dann an. Das kann dann etwa bedeuten, dass das Team beginnt, über sinnvolle Alternativen nachzudenken.

### Brainstormingverfahren bei der Entscheidungsfindung

Ziel: möglichst viele Ideen sammeln

Das Brainstormingverfahren ist wohl die bekannteste Methode, um Ideen zu sammeln. Es ist zugleich eine gute Möglichkeit, den Entscheidungsfindungsprozess zu gestalten. Dabei werden verschiedene konstruktive Elemente zu einer neuen Lösung integriert und es wird eine entsprechende Entscheidung herbeigeführt.

## Muster Brainstorming

### Integration der planungsrechtlichen Prüfung in die Planungsteams

**Vorteile**
- Kürzere Wege, weniger Schnittstellen
- Planungsteams haben direkten Zugriff auf Pläne
- Kunden haben mehrere Anlaufstellen
- Ein fester Ansprechpartner für jeden Kunden (Planungsfragen und planungsrechtliche Fragen)
- Durchgängiger Entscheidungsweg
- Aufwertung aller Mitarbeiter in den Planungsteams
- Mehr Verantwortung und Motivation bei den Mitarbeitern
- Ansprechbarkeit nimmt zu (Minderung der Wartezeiten)
- Wissen auf mehrere Personen verteilt (Organisation ist sicherer bei Ausfällen)

**Nachteile**
- Einheitliche Entscheidungen gefährdet
- Ein Mitarbeiter verliert seine Aufgabe
- Trennung von Bauleitplanung und Prüfung entfällt
- Raumproblem bei Ausbreitung der Pläne (große Formate)
- Spezialwissen wird nicht mehr wie bisher genutzt
- Beschneidung der Sprechzeit durch Raummangel
- Weniger Spezialisierung bringt eventuell Qualitätsverlust
- Notwendigkeit der Qualifizierung mehrerer Mitarbeiter (mindestens einer in jedem Planungsteam)

## Fragestellung systematisch bearbeiten

Schrittweises Vorgehen ist notwendig.

Das Verfahren erlaubt ein systematisches Vorgehen, verlangt aber vom Moderator einige Aufmerksamkeit und Disziplin. Er muss vor allem auf methodische Klarheit, eine straffe Ordnung der Kommunikation und ein schrittweises Vorgehen während der Sitzung achten. Während des Verfahrens kann er zudem versuchen, durch hilfreiche Fragen oder adäquate Impulse die Ideenproduktion anzuregen.
In jedem Fall ist es erforderlich, die Fragestellung, zu der Ideen produziert werden sollen, für alle sichtbar zu visualisieren.

**Frage für das Brainstormingverfahren**
Wie können wir die Arbeiten in den Arbeitspaketen 3.1 bis 3.3 so beschleunigen, dass der vorgeplante Bearbeitungstermin für das nachfolgende Arbeitspaket eingehalten werden kann? Bedingung: Es darf kein Qualitätsverlust entstehen und der Kostenrahmen muss eingehalten werden.

Alle Bedingungen mit angeben

Der Moderator sollte die Bedingungen, die es einzuhalten gilt, mit angeben. Dies kanalisiert die Ideenproduktion und vermeidet Nennungen, die später auf jeden Fall ausgeschlossen werden müssen. Erst wenn das Projektteam unter dieser Fragestellung keine befriedigende Lösung findet, können eventuell die Bedingungen gelockert werden.

### Methodische Schritte eines Brainstormings

Ideen sammeln

1) **Ideensammlung:** Das Projektteam sammelt möglichst viele verschiedene Lösungsansätze. Dabei schreibt der Projektleiter alles auf, was die Projektteammitglieder nennen. Auch abwegig erscheinende Vorschläge werden aufgenommen. Eine Diskussion oder Bewertung der einzelnen Gedanken erfolgt noch nicht. Redebeiträge, die in diese Richtung gehen, unterbindet der Moderator sofort.
2) **Vernissage:** Die Mitglieder des Projektteams versehen die einzelnen Nennungen mit Fragezeichen oder mit Blitzen. Fragezeichen stehen für einen Informationsbedarf, Blitze signalisieren, dass ein Projektteammitglied nicht einverstanden ist und einen Diskussionsbedarf bei diesem Punkt sieht. Dieser Zwischenschritt, auch Vernissage genannt, verhindert eine ungeordnete Diskussion und ermöglicht, dass zunächst der Informationsbedarf, dann der Diskussionsbedarf geklärt wird. Die Fragezeichen werden zuerst abgearbeitet. Denn wenn die offenen Fragen bei diesen Beiträgen erst einmal geklärt sind, kann dies zur Akzeptanz oder zum Diskussionsbedarf führen. Fragen zu den Beiträgen werden vom jeweiligen Urheber des Vorschlags beantwortet.

3) **Negativauswahl:** Die Projektgruppe streicht im Anschluss einvernehmlich alle Ideen, die nach einiger Überlegung doch nicht infrage kommen. Hier erfolgt keine Abstimmung, das heißt, es gibt keine Sieger und Verlierer. Wenn ein Projektteammitglied der Meinung ist, dass der Beitrag lohnende Aspekte enthält, wird dieser nicht gestrichen.
4) **Bewertung:** Das Projektteam bewertet die verbleibenden Ideen. In der Realität sieht es so aus, dass mehrere Ideen konstruktive und zieldienliche Elemente aufweisen. Hier erfolgt die Synthese dieser einzelnen Elemente zu einem neuen Vorschlag. Das Projektteam arbeitet die konstruktiven Elemente der verbliebenen Vorschläge heraus und versucht, diese zu einer passenden Lösung zu integrieren oder eventuell eine ganz neue Lösung daraus zu entwickeln.
5) **Lösungsformulierung:** Am Ende des Prozesses steht in der Regel eine konkret formulierte Vereinbarung zur Lösung des vorliegenden Problems oder die Festlegung, welchen Lösungsvorschlag das Projektteam dem Auftraggeber zur Entscheidung empfiehlt.

### Perspektivwechsel

Blick für die Argumente der Gegenseite öffnen

Im Projektteam kommt es oft vor, dass zwei Fraktionen zwei unterschiedliche Entscheidungsvarianten befürworten und sich nicht einigen können. Meist suchen die Beteiligten dann immer weitere Argumente für den jeweils eigenen Vorschlag. Die Folge sind langwierige Auseinandersetzungen, in deren Verlauf sich die »Fronten« so verhärten können, dass ein rationaler Blick auf die Argumente der Gegenseite nicht mehr möglich erscheint. Die Gedanken der Anwesenden kreisen nur noch darum, den eigenen Vorschlag durchzusetzen.

### Gedankenkreislauf unterbrechen

Hier ist es die Aufgabe des Moderators, den Teilnehmern aus dem eigenen Gedankenkreislauf herauszuhelfen und den Gedanken eine neue Richtung zu geben. Hilfreich ist es zum Beispiel, wenn er beide Fraktionen beauftragt, nach Elementen im anderen Vorschlag zu suchen, die die eigenen Ideen optimieren können. Die »oppositionellen« Fraktionen des Projektteams fahnden also nach vorteilhaften Aspekten der jeweils anderen Lösung. Erfahrungsgemäß öffnet sich dadurch auch der Blick für Kompromisslösungen.

**Mit Fragen Kompromissbereitschaft erzeugen**

Wenn ein Projektteammitglied mauert

Ein ähnliches Vorgehen kann auch festgefahrene Situationen wieder in Bewegung bringen. Angenommen, das Projektteam bevorzugt ein bestimmtes Vorgehen, das in einem Projektteil Modifikationen notwendig macht, etwa indem dort Arbeitspakete früher abgeschlossen sein müssen oder weniger Personalressourcen zur Verfügung stehen. Dann kann es schnell vorkommen, dass der Verantwortliche für diesen Projektteil zu allen vorgebrachten Argumenten Gegenargumente entwickelt. Seine Gedanken gehen also nur in eine Richtung und er sucht nur nach Antworten auf die Frage »Was spricht dagegen?«. Fühlt er sich vom Projektteam oder vom Projektleiter unter Druck gesetzt, verstärkt sich diese Tendenz eher noch, als dass sie abnimmt.
In dieser Situation kann die Frage »Was brauchen Sie, damit Sie uns hierbei unterstützen können?« eine Änderung der Gedankenrichtung bewirken. Wenn das so angesprochene Teammitglied jetzt überlegt, welcher Unterstützung es bedarf, die benötigten Leistungen zu erbringen, ist das Eis gebrochen.

### Orientierung an Zielen

Taugliche Maßnahmen dienen dem Ziel.

Maßnahmen sind umso tauglicher, je besser sie den Zielen dienen. Die Entscheidungsfindung über Ziele bringt gut überlegte und abgesicherte Entscheidungen hervor, weil alle Aspekte der Entscheidung auf ihre Tauglichkeit hin bewertet werden, das Ziel zu erreichen.

Teilziele ermitteln und bewerten

## Ziele und Maßnahmen bepunkten

Der moderierte Prozess erfolgt in folgenden Schritten:

1) Die Verantwortlichen ermitteln alle Teilziele, die durch diese Entscheidung erreicht werden sollen. Anschließend unterteilen sie diese in Muss- und Wunschziele.
2) Alle Entscheidungsmöglichkeiten werden daraufhin überprüft, ob sie die Mussziele erfüllen. Anderenfalls scheiden sie aus. Wenn die Mindestanforderungen gesichert sind, kommen weitere Aspekte hinzu.
3) Die Beteiligten gewichten die Wunschziele zunächst danach, welche Bedeutung sie für das Gelingen des Projekts haben. Diese Rangfolge lässt sich zum Beispiel über die Mehr-Punkte-Frage ermitteln. Anschließend untersuchen die Beteiligten alle Alternativen daraufhin, in welchem Maße sie die einzelnen Wunschziele erfüllen. Hierzu ist eine Ein-Punkt-Frage zu jeder Alternative geeignet.
4) Als letzter Schritt multiplizieren die Teilnehmer die Zahl für die Gewichtung eines Teilziels mit der Zahl für den Erfüllungsgrad. So erhalten sie eine Zahlenreihe in jeder Entscheidungsalternative. Diese Zahlenreihe wird addiert – damit entsteht ein quantifiziertes Ergebnis. Der Tauglichkeitsgrad einer Maßnahme lässt sich so in Punktwerten ausdrücken.

Aufteilung in Muss- und Wunschziele

## Berechnungsbeispiel

Ein konkretes Berechnungsbeispiel zeigt das Vorgehen: Zunächst werden alle Teilziele aufgeschrieben und in Muss- und Wunschziele unterteilt. Im Beispiel ist die »Einhaltung des Endtermins« mit »M« gekennzeichnet, sie ist also ein Mussziel. Daneben gibt es noch vier Wunschziele. Anschließend folgt die Gewichtung der Teilziele. Dabei wird allerdings das Mussziel ausgenommen.

## Muster Orientierung an Zielen

### Orientierung an Zielen

| Teilziele | Gewicht |
|---|---|
| Keine zusätzlichen Projektmitarbeiter | 1 |
| Einhaltung des Endtermins | M |
| Einhaltung der Qualitätskriterien | 2 |
| Einhaltung des Gesamtbudgets | 5 |
| Konfliktvermeidung an den Schnittstellen | 3 |

Auflistung der Entscheidungsvarianten

Als Nächstes wird eine Entscheidungstabelle angelegt. Sie enthält die verschiedenen Entscheidungsvarianten und darunter bei jeder Variante die Teil- beziehungsweise die Wunschziele. Letztere werden in der Reihenfolge ihres Gewichts eingetragen.
Das Projektteam bewertet nun durch eine entsprechende Punktvergabe, wie stark die jeweilige Entscheidungsvariante die einzelnen Teil- beziehungsweise Wunschziele erfüllt.
Die Punkteskala umfasst grundsätzlich fünf Punkte, wobei aber nicht alle Punktestufen vertreten sein müssen. Das Gewicht des Teilziels wird nun mit dem Erfüllungsgrad, den die entsprechende Maßnahme erzielt, multipliziert. Beide Werte sind jeweils in Punkten ausgedrückt.
Das errechnete Ergebnis trägt der Moderator in die letzte Spalte ein und addiert alle Ergebnisse jeweils für alle Wunschziele und Erfüllungsgrade.

Berechnung der Punkte

### Auswertungsbeispiel

Die Entscheidungstabelle zeigt das Ergebnis für drei Entscheidungsvarianten, und zwar für: »Überstunden Projektmitarbeiter«, »zusätzliche Projektmitarbeiter verpflichten« und »Projektteile an externe Firmen vergeben«.

- Im ersten Tabellenabschnitt »Überstunden Projektmitarbeiter« sehen die Teilnehmer das erste Wunschziel »Keine zusätzlichen Projektmitarbeiter« erreicht (5 Punkte).
- Das zweite Wunschziel »Einhaltung der Qualitätskriterien« sehen sie ebenfalls weitgehend erreicht; es gibt jedoch leichte Einschränkungen durch die stärkere Inanspruchnahme der Projektmitarbeiter (4 Punkte).
- Die Konfliktvermeidung an den Schnittstellen schätzen sie als sehr gering ein, da den Linienvorgesetzten zusätzliche Personalressourcen abgezogen werden.
- Auch das vierte Wunschziel »Einhaltung des Gesamtbudgets« wird nur als eingeschränkt erfüllt bewertet, da die zusätzliche Personalressource zusätzliche Mittel erfordert.

Die höchste Punktzahl zeigt die geeignetste Maßnahme.

Durch Multiplikation des Erfüllungsgrads mit der Gewichtung und Addition der Produkte lässt sich für jede Entscheidungsvariante ein Gesamtpunktwert ermitteln.

Diese Berechnung führen die Beteiligten nun für alle Entscheidungsvarianten durch. Dabei zeigt sich, dass die Vergabe von Projektteilen an externe Firmen den höchsten Gesamtwert erhält. Das liegt vor allem am Erfüllungsgrad des Wunschziels »Konfliktvermeidung an den Schnittstellen«. Der Nachteil, dass das Gesamtbudget vielleicht nicht eingehalten werden kann, wiegt in der vorliegenden Bewertung den Vorteil der Konfliktvermeidung nicht auf.

Das Ergebnis dieser zielorientierten Entscheidungsfindung entspricht nicht immer der Entscheidungsvariante, auf die intuitiv die Wahl gefallen wäre. Daher ist es wichtig, dass es auch bei diesem Vorgehen keinen Automatismus gibt. Das Projektteam muss das Ergebnis des Bewertungsprozesses reflektieren und besprechen. Es kann durchaus sein, dass das Team einvernehmlich zum Schluss kommt, nach weiteren Entscheidungsvarianten zu suchen, bevor zum Beispiel Aufträge an externe Firmen vergeben werden.

## Muster Entscheidungstabelle

### Entscheidungstabelle

**1. Entscheidungsvariante: Überstunden Projektmitarbeiter**

| Teil- beziehungsweise Wunschziele | Gewicht | Erfüllung | G x E |
|---|---|---|---|
| Keine zusätzlichen Projektmitarbeiter | 1 | 5 | 5 |
| Einhaltung der Qualitätskriterien | 2 | 4 | 8 |
| Konfliktvermeidung an den Schnittstellen | 3 | 1 | 3 |
| Einhaltung des Gesamtbudgets | 5 | 2 | 10 |
| Ergebnis der Maßnahme | | | **26** |

**2. Entscheidungsvariante: zusätzliche Projektmitarbeiter verpflichten**

| Teil- beziehungsweise Wunschziele | Gewicht | Erfüllung | G x E |
|---|---|---|---|
| Keine zusätzlichen Projektmitarbeiter | 1 | 1 | 1 |
| Einhaltung der Qualitätskriterien | 2 | 5 | 10 |
| Konfliktvermeidung an den Schnittstellen | 3 | 1 | 3 |
| Einhaltung des Gesamtbudgets | 5 | 2 | 10 |
| Ergebnis der Maßnahme | | | **24** |

**3. Entscheidungsvariante: Projektteile an externe Firmen vergeben**

| Teil- beziehungsweise Wunschziele | Gewicht | Erfüllung | G x E |
|---|---|---|---|
| Keine zusätzlichen Projektmitarbeiter | 1 | 5 | 5 |
| Einhaltung der Qualitätskriterien | 2 | 4 | 8 |
| Konfliktvermeidung an den Schnittstellen | 3 | 5 | 15 |
| Einhaltung des Gesamtbudgets | 5 | 1 | 5 |
| Ergebnis der Maßnahme | | | **33** |

### Vor- und Nachteile der Methode

Differenzierter Blick

Der Vorteil dieser Methode besteht ohne Zweifel darin, dass das gesamte Projektteam Entscheidungen trifft oder zumindest anbahnt, wobei die Mitglieder eine Vielzahl von Aspekten differenziert betrachten. Solche Entscheidungen bieten einen hohen Grad an Sicherheit, da sie sich konsequent an erklärten Zielen orientieren. Das Team muss sich sehr differenziert damit auseinandersetzen, wie die Ziele zu gewichten sind und zu welchem Grad jede Entscheidungsvariante diese Ziele erfüllt.

Hoher Aufwand

Der Aufwand dieses Verfahrens ist allerdings sehr hoch, auch braucht es viel Zeit. Das Projektteam muss im Plenum oder auch arbeitsteilig sorgfältig überlegen und seine Einschätzungen begründen. Bei wichtigen und folgenreichen Entscheidungen aber lohnt sich der Aufwand in jedem Fall.

## Konflikte im Projektteam lösen

Die Führungskompetenz des Projektleiters erweist sich auch darin, ob er Konflikte im Projektteam lösen kann.

### Was ist ein Konflikt?

Kollision zweier legitimer Interessen

Ein Konflikt liegt dann vor, wenn sich zwei oder mehrere legitime Interessen, Bedürfnisse oder Verhaltensweisen so gegenüberstehen, dass sie sich gegenseitig beeinträchtigen oder ausschließen. Konflikte werden in der Regel als Problem empfunden, diese negative Einstellung prägt häufig auch den Umgang damit. Konflikte sind aber nicht unbedingt schlecht. Vielmehr bieten sie Chancen, die gerade in Projekten vorteilhaft genutzt werden können.

- Konflikte weisen auf ein Problem hin,
- sie fördern Innovation,
- sie erfordern Kommunikation,
- sie verhindern Stagnation,
- sie regen Interesse an,
- sie lösen Veränderungen aus,
- sie stimulieren Kreativität,

- sie festigen Gruppen,
- sie führen zu Selbsterkenntnissen und
- sie verlangen nach Lösungen.

Ungelöste Konflikte eskalieren

**Folgen ungelöster Konflikte**
Bevor es um Konfliktlösungsmodelle geht, soll zunächst klar werden, welche Folgen eintreten können, wenn bestehende Konflikte nicht gelöst werden. Diese Konsequenzen entwickeln sich in vier Schritten. Im ersten Schritt entstehen in der sachlichen Kooperation Misstrauen und Unbehagen. Die Parteien kontrollieren sich gegenseitig und versuchen, ihre Aufgaben allein zu lösen. Es entsteht die Angst, ausgetrickst zu werden. Die sachlichen Diskussionen werden durch emotionale Auseinandersetzungen aufgeladen. Als Nächstes ersetzen Fantasien die Genauigkeit der Beobachtung. Die Parteien tendieren zur Schwarz-Weiß-Malerei und sind davon überzeugt, dass allein der andere die Schuld an der Auseinandersetzung trägt.
In der dritten Stufe wird das Trennende immer stärker betont und als unüberwindbar erlebt. Der Kontakt zwischen den Parteien wird auf ein Minimum beschränkt, die Kommunikation ist nicht aufrichtig. Die Beteiligten halten Informationen bewusst zurück und streuen falsche sowie irreführende Informationen.
Im vierten und letzten Schritt dominieren feindselig-aggressive Strategien. Die Gegenseite soll bloßgestellt werden. Es geht um Kampf und Selbstbehauptung. Klärende Gespräche finden nicht mehr statt.
Angesichts dieser eskalierenden Fehlentwicklung erübrigt sich der Hinweis, dass Konflikte besser gelöst werden sollten, bevor sie eine fruchtbare Zusammenarbeit im Projektteam behindern.

Folgen unausgesprochener Konflikte

**Kennzeichen schwelender Konflikte**
Was ist aber, wenn die Auseinandersetzung nicht offen geführt wird? Manchmal schwelen latente Konflikte in der Projektgruppe und belasten die Zusammenarbeit, ohne dass sie angesprochen werden. Auch in diesem Fall wer-

den die genannten negativen Entwicklungen eintreten. Eine Hilfe zur Früherkennung von Konflikten ist da sehr nützlich. Schwelende Konflikte lassen sich an folgenden Kennzeichen erkennen:

1) Formalitäten treten in den Vordergrund. Es häufen sich Aussagen wie »Das ist nicht meine Aufgabe ...« statt »Ist das vernünftig und sinnvoll?«.
2) Nebensächlichkeiten werden hochgespielt.
3) Die Beteiligten arbeiten nach der Devise »Dienst nach Vorschrift«.
4) Entscheidungen werden nach oben rückdelegiert.
5) Die Kommunikation ist unpersönlich und auf das Notwendige beschränkt.
6) Die Konfliktbeteiligten halten Informationen zurück, diese seien eine »Holschuld«.
7) Die eigene Arbeit wird höher bewertet als die des Kollegen.
8) Mitglieder im Projektteam suchen nach Verbündeten und Mehrheiten für die eigene Position.
9) Grüppchen bilden sich und halten zusammen – egal bei welchem Thema.
10) Es werden Schuldige gesucht, nicht Lösungen.
11) Die Betroffenen finden und pflegen persönliche »Nebenkriegsschauplätze«.

### Modelle der Konfliktlösung

Unterschiedliche Ergebnisse bei der Konfliktlösung

Der Projektleiter sollte im Konfliktlösungsprozess beachten, dass es verschiedene Modelle hierfür gibt, die unterschiedliche Ergebnisse hervorbringen.
Zu beachten ist dabei allerdings, dass manchmal eine schnelle Entscheidung wichtiger ist als eine integrative Konfliktlösung.

### Gewinn-Verlust-Methoden

Eine Partei verliert.

Zu den Gewinn-Verlust-Methoden der Konfliktlösung gehören die Konfliktvermeidung, die Mehrheitsentscheidung und das Schließen von Bündnissen und Allianzen.

Bei der **Konfliktvermeidung** bleiben alle Beteiligten an der Oberfläche und vermeiden alle Themen oder Aufgabengebiete, die einen konfliktträchtigen Charakter haben. Der Konflikt wird letztlich geleugnet, vertuscht oder verdrängt. Wenn sich Opposition rührt, ignorieren die Verantwortlichen diese oder dulden sie »um des lieben Friedens willen« stillschweigend. Mögliche Aktionen der Beteiligten sind übertriebene Anpassung, Fluchtverhalten, Ignoranz, Abwehr und Gleichgültigkeit.
Bei der Konfliktlösung mittels **Mehrheitsentscheidung** bildet sich aufgrund von Abstimmung oder Befragung eine Mehrheit. Die Minderheit hat sich dem Mehrheitsbeschluss zu unterwerfen. Die Beteiligten reagieren auf diese Form der Konfliktlösung unter Umständen mit Propaganda, Versprechen, dem Anschluss an die Mehrheit, Resignation, »Untergrundkampf« oder auch, indem sie den Mehrheitsbeschluss diszipliniert anerkennen.
Schließlich können die Beteiligten noch **Allianzen** schließen. Dabei gehen sie aus Klugheit oder Berechnung mit kompetenten oder mächtigen Mitgliedern der Gruppe zusammen. Solche Bündnisse werden oft auch mit eventuell zeitlich begrenzten Zugeständnissen erkauft. Auf diese Weise erhoffen sich die Beteiligten eine Machtfülle, um sich möglicherweise auch gegen eine Mehrheit durchsetzen zu können. Die Parteien treffen Absprachen, gehen Bündnisse ein und geben einander Versprechen.

### Verlust-Verlust-Methoden

Beide Parteien verlieren.

Zu den Verlust-Verlust-Methoden gehören die Kompromisse, der »Waffenstillstand« und die Drittparteienentscheide.
**Kompromisse** verlangen von beiden Seiten Zugeständnisse. Die Beteiligten verzichten auf einen Teil ihrer Forderungen. Diese Einigung setzt voraus, dass sie den Mindestansprüchen aller Beteiligten genügt. Die meisten sehen zwar ein, dass eine solche Einigung notwendig ist, allerdings bleibt Unzufriedenheit zurück. In vielen Fällen geht aus Kompromissen nur eine Minimallösung hervor.

Im Konfliktlösungsprozess zeigen die Beteiligten sich bereit, zu verhandeln, sind flexibel, lassen Wege offen, suchen nach Lösungen und unterbreiten eigene Vorschläge.
Die zeitliche Hinausschiebung des Konflikts, der **»Waffenstillstand«,** setzt voraus, dass alle Beteiligten damit einverstanden sind. Dieses Einverständnis geben die meisten nur dann, wenn sie dem Konfliktgegenstand einen geringeren Wert als der Erhaltung des Friedens beimessen. Je weiter der Konflikt in der Vergangenheit liegt, desto mehr kann er an Bedeutung verlieren. Das erleichtert eine Lösung, die auf Zusammenarbeit beruht. Dieses Vorgehen ist aber eher bei einem einzelnen Meinungsunterschied als bei allgemein gewordenen Gegensätzen möglich. Letztere können sogar an Gewicht gewinnen, wenn ihre Lösung verschoben wird.
Bei **Drittparteienentscheiden** ziehen die Beteiligten Personen hinzu, die unabhängig oder unparteiisch sind oder in der Hierarchie höher stehen. Diese werden gebeten, eine Entscheidung herbeizuführen, die Konfliktparteien unterwerfen sich deren Urteil.

### Gewinn-Gewinn-Methoden

Beide Parteien gewinnen.

Zu den Gewinn-Gewinn-Methoden zählt die Einigung, die offene Bewältigung und die Integration.
Bei **Einigungen** werden Lösungen gefunden, die für alle Seiten zufriedenstellend sind. Der Konflikt ist somit beigelegt.
Bei der **offenen Bewältigung** tragen die Beteiligten den Konflikt durch eine offene, faire und das Verständnis der anderen Position einschließende Art aus. Sie vermeiden dabei, die Gegenseite persönlich zu diffamieren, und versachlichen die Auseinandersetzung so weit wie möglich. Dies bietet gute Chancen, ein positives Ergebnis zu erzielen. Die Beteiligten zeigen Fairness, Sachlichkeit sowie Verständnis, bauen Brücken und signalisieren den Willen zur Lösung.

Die **Integration** ist die reifste, aber auch die anspruchsvollste Form der Konfliktlösung. Die Beteiligten diskutieren widersprechende Strebungen, wägen sie gegeneinander ab und formulieren sie neu. Jeder arbeitet unter Berücksichtigung aller Gesichtspunkte, Prioritäten und persönlichkeitsbedingten Erwägungen an einer für alle optimalen Lösung mit.

### Sofortmaßnahmen in Konfliktsituationen

Wenn die Zeit für die Konfliktlösung fehlt

Der Projektleiter sollte betonen, dass die Priorität beim Projekt liegt. Wenn es nicht gelingt, eine Gewinn-Gewinn-Situation herbeizuführen, weil sich die Konfliktpartner nicht einigen können, wird der Projektleiter eine Entscheidung treffen. In prekären Situationen bleibt keine Zeit, um interne Konflikte zu lösen, hier sind Sofortmaßnahmen nötig. Das sind:

- Der Vorschlag, sofort das dringendste Problem zu lösen, eine grundsätzliche Lösung erfolgt dann später.
- Eine akute Zieldefinition; dabei geht es darum, was zu tun ist, um den Schaden möglichst klein zu halten.
- Die Visualisierung der Vorschläge aller Beteiligten.
- Die Frage, ob die »Erste-Hilfe-Maßnahme« zur Schadensbegrenzung ausreicht.
- Weitere Ideen sammeln, sofern dies erforderlich ist.
- Zusammenfassung, welche Schritte die Sofortmaßnahme umfasst.
- Einen Termin festlegen, wann über längerfristig wirksame Verbesserungen gesprochen wird.

### Konfliktgespräche führen

Konstruktive Grundhaltungen in Konfliktgesprächen

In der Regel aber wird der Projektleiter gut daran tun, eine Gewinn-Gewinn-Situation herbeizuführen. Dies ist jedenfalls die nachhaltigste Art der Konfliktbewältigung. Allerdings muss er im Auge behalten, dass der Projektfortschritt Priorität genießt. Es wird Situationen geben, in denen eine schnelle Entscheidung nötig ist, um die Projektziele nicht zu gefährden, und in denen die Zeit für eine ausführliche Konfliktbeilegung fehlt. In anderen Situationen ist es möglich, integrative Lösungen zu erarbeiten. Dafür sollte der Projektleiter einige konstruktive Grundhaltungen in Konfliktgesprächen kennen.

### Die Sichtweise des anderen akzeptieren

Subjektive Wirklichkeitskonstruktionen

Die erste konstruktive Grundhaltung lautet: Es gibt keine objektive Wirklichkeit – es gibt nur subjektive Wirklichkeitskonstruktionen. Es ist daher sinnvoll, dass die gegnerischen Parteien die je eigene Sichtweise der Situation erklären. Dabei ist es gut, wenn die Beteiligten nachfragen und die andere Wahrnehmung genau verstehen wollen. Es ist aber gleichzeitig überflüssig, darüber zu diskutieren, wer nun recht hat oder wer der Schuldige ist. Wenn es nur subjektive Sichtweisen gibt, erübrigt sich die Frage, wer recht behält. Das Motto lautet: »Klären statt diskutieren!«

### Auf der Wahrnehmungs- und Beobachtungsebene agieren

Sachlich bleiben

Diese zweite Grundhaltung enthält die Aufforderung, Fakten zu benennen und bei der Sache zu bleiben. So ist zum Beispiel ein Konfliktpartner nicht etwa »unzuverlässig«. Vielmehr hat er zum wiederholten Mal einen zugesagten Termin nicht eingehalten. Es ist leichter, konkrete Verhaltensfehler zu akzeptieren als grundlegende Bewertungen. Der Kollege hat sich an bestimmte Abmachungen nicht gehalten. Dadurch ist er aber nicht zu einer unzuverlässigen Person geworden.

### Rechtzeitig auf die Lösungssprache umschalten

Lösungen suchen, nicht Ursachen

Die dritte Grundhaltung in Konfliktgesprächen ist eine Ermahnung, nicht zu lange bei der Analyse des Fehlverhaltens zu verweilen. Problemsprache kümmert sich um Fragen wie »Aus welchen Gründen ...?«, »Welche Faktoren waren wirksam?«, »Wer war daran beteiligt?«, »Wer hat Schuld?« oder »Welche Versäumnisse haben die Fehlentwicklung befördert?«. Bei genauerem Hinsehen sind das Fragen, die sich ausnahmslos um die Vergangenheit kümmern. Sie sind nützlich, wenn sie Lösungen hervorbringen. Sie müssen aber rechtzeitig von Fragen abgelöst werden, die der Lösungssprache angehören: »Was wollen wir erreichen?«, »Wie können wir das machen?«, »Welche Hindernisse könnten sich in den Weg stellen?« und »Wer könnte uns unterstützen?« Alle diese Fragen beziehen sich auf die Zukunft und auf eine konstruktive Lösung des Problems. Ein Projektleitertut gut daran, den Konflikt zu lösen, statt den Schuldigen zu finden.

### Etwas über sich selbst erzählen

Die eigene Perspektive darstellen

Die vierte Grundhaltung lautet: »Die Beteiligten sollten auf dem eigenen Spielfeld bleiben, etwas über sich selbst erzählen.« Was bedeutet das?

Jeder Projektleiter hat in der Projektarbeit viele Bedürfnisse und Ansprüche an die Projektteammitglieder, die aus seiner Sicht verständlich und berechtigt sind. Er kann nicht alle Verhaltensweisen tolerieren. In allen Fällen, in denen die Beteiligten berechtigte Ansprüche und Erwartungen nicht erfüllen oder der Projektleiter Verhaltensweisen nicht akzeptieren kann, liegt das Problem bei ihm und er muss sich ausdrücken.

**Problemschilderung**

Projektteammitglied Holger G. gibt seinen Alltagsaufgaben Priorität. Das hat zur Folge, dass er nur unregelmäßig an den Besprechungen des Projektteams teilnimmt, zugesagte Terminarbeiten nicht einhält und Informationen aus seinem Projektteil zu spät ins Projektteam trägt.

Projektleiter Konrad W. wirft ihm diese Punkte vor:

- »Sie vernachlässigen Ihre Pflichten im Projekt.«
- »Auf Sie kann man sich nicht verlassen.«
- »Alles ist Ihnen wichtiger als dieses Projekt.«

Alle diese Formulierungen sagen etwas über das Projektteammitglied aus; keine einzige enthält eine Aussage über den Projektleiter, zum Beispiel dass er enttäuscht, besorgt oder verärgert ist. Zugleich begibt sich der Projektleiter »auf ein fremdes Spielfeld«, auf dem sich ein anderer auskennt. Das Projektteammitglied wird sich bei diesen Aussagen sehr wahrscheinlich zur Wehr setzen und die Vorwürfe bestreiten. Das ist deshalb möglich, weil der Projektleiter eine Aussage gemacht hat, bei der das Projektteammitglied mitreden kann.

Auf dem eigenen Spielfeld bleiben

Anders sieht es aus, wenn er »auf dem eigenen Spielfeld« bleibt, also etwas über sich selbst erzählt. Dazu gehört eine konkrete und präzise Beschreibung des nicht akzeptierten Verhaltens auf der Wahrnehmungs- und Beobachtungsebene, die Benennung der sachlichen Folgen und der Gefühle, die daraus entstehen.

| Musterformulierungen: etwas über sich selbst erzählen | |
|---|---|
| Konkrete, präzise Beschreibung | Das Projektteam hat Sie in den letzten beiden Teamsitzungen vermisst, zumal wir auf den Bericht aus Ihren Arbeitspaketen gespannt waren. |
| Sachliche Folge für den Projektleiter | Ich musste mir die Informationen in Einzelgesprächen einholen. Das hat mich einen halben Tag Zeit gekostet. |
| Emotionen, die das Verhalten auslöst | Ich mache mir Sorgen, ob wir in Ihrem Projektteil die Termine halten können; zugleich bin ich enttäuscht über das Ausbleiben der Informationen. |

Wer so angesprochen wird, der kann weniger leicht widersprechen. Er hat kaum die Möglichkeit, nachzuprüfen, ob sich der Projektleiter Sorgen macht. Allgemein zeigt sich, dass der Angesprochene nachdenklich wird und sein Verhalten ändert, wenn der Konfliktpartner auf Vorwürfe verzichtet.

### Neutralität bewahren, Konfliktgespräch begrenzen

Keine Koalitionen eingehen, keine Dritten einbeziehen

In Konfliktmoderationen sollte der Projektleiter neben den vier konstruktiven Grundhaltungen zwei zusätzliche Regeln beachten.

Erstens ist es wichtig, dass er eine neutrale Position einnimmt, wenn er selbst nicht am Konflikt beteiligt ist. Geht er Koalitionen ein, wird seine Konfliktmoderation scheitern. Wenn er selbst am Konflikt beteiligt ist, muss er im Konfliktlösungsgespräch kenntlich machen, wann er als

Moderator und wann als Betroffener spricht. Diese Rollentrennung ist möglich. Sie erfordert aber viel Disziplin und Strenge sich selbst gegenüber.
Zweitens ist es sinnvoll, wenn der Projektleiter die Konfliktlösung nur mit den Personen sucht, die an der Auseinandersetzung beteiligt sind. Alle anderen stören den Einigungsprozess zwischen den Konfliktpartnern.

### Phasenkonzept für die Konfliktlösung in Gruppen

Ein bewährtes Konzept für die Konfliktlösung in Projektgruppen sieht ein schrittweises Vorgehen vor.

**1. Schritt: Konflikt sichtbar machen**

Konflikt benennen

Ein Konfliktpartner signalisiert den Konflikt, indem er erklärt, welche Erscheinungsformen die Auseinandersetzung hat. Er benennt die eigenen Bedürfnisse und Interessen und beschreibt, welche Bedürfnisse er bei den anderen Konfliktpartnern vermutet. Zum Schluss teilt er noch seine Absicht mit, eine Lösung zu finden, mit der alle Beteiligten einverstanden sein können.

**2. Schritt: Wünsche äußern**

Bedürfnisse schildern

Alle am Konflikt Beteiligten nennen ihre Wünsche, Bedürfnisse, Interessen und so weiter. Das ermöglicht es, eine taugliche Lösung zu finden, an die sich alle halten.

**3. Schritt: Lösungsideen sammeln**

Lösungsvorschläge sammeln und sichten

Alle sammeln Lösungsvorschläge, die zunächst noch nicht bewertet werden. Anschließend untersuchen die Beteiligten die Lösungsvorschläge, ob vielleicht schon einer dabei ist, der den Wünschen aller gerecht werden könnte, oder ob aus der Besprechung ein neuer hervorgeht, der von allen unterstützt werden kann.

**4. Schritt: Vereinbarung treffen**

Lösung in die Praxis übertragen

Nachdem sich die Beteiligten auf eine Lösung des Konflikts geeinigt haben, treffen sie eine klare Vereinbarung, an die sich alle halten sollen. Diese Vereinbarung ist dann tauglich, wenn sie auch in der Praxis funktioniert. Ist das nicht der Fall, muss die Gruppe ein neues Konfliktgespräch führen, um zu einer besseren Vereinbarung zu kommen.

**Phasenkonzept für Konflikte zwischen zwei Personen**
Konflikte müssen nicht immer die ganze Gruppe betreffen, oft geraten auch zwei Projektgruppenmitglieder aneinander. Die Aufgabe des Projektleiters ist hier, eine Konfliktmoderation durchzuführen. Auch diese Konfliktlösungsgespräche erfolgen in vier Schritten.

**1. Schritt: Konflikt signalisieren**

Konfliktsymptome schildern

Auch hier beginnt das Konfliktlösungsgespräch damit, den Konflikt zu benennen und seine Symptome aufzuzählen. Der Projektleiter beschreibt in seiner Moderatorenrolle, welcher Art die angestrebte Lösung sein soll: Alle Konfliktparteien müssen mit ihr einverstanden sein.

**2. Schritt: persönliche Sichtweise erklären**

Ungestört eigene Sicht darstellen

Anschließend erhält jeder Beteiligte die Möglichkeit, ungestört und ohne Unterbrechungen seine Sichtweise zu erklären. Dabei nennt jeder Konfliktpartner die Gründe für seine Forderung.

**3. Schritt: Lösungssprache anwenden**

Frage: Was kann jeder zur Konfliktlösung beitragen?

Im nächsten Schritt sammeln alle Beteiligten Vorschläge, die zu einer gemeinsamen Lösung führen können. Wichtig ist die Frage, welche Anteile die Beteiligten selbst beitragen können, um die Auseinandersetzung beizulegen.

**4. Schritt: konkrete, kontrollierbare Vereinbarung treffen**

Feste Vereinbarung

Das Konfliktgespräch mit zwei Konfliktpartnern endet damit, dass die Parteien eine feste Vereinbarung schließen. Auch diese muss sich in der Praxis bewähren.

## Die Präsentation des Projekts

Der Projektleiter repräsentiert das Projekt nach außen, das heißt im eigenen Unternehmen, beim internen Auftraggeber, eventuell beim Kunden, bei externen Projektpartnern, bei Firmen und Interessierten.

### Aufmerksamkeit erzielen

Individuelles Redeverhalten

Die Präsentation des Projekts sollte wirksam und überzeugend erfolgen. Dafür ist ein geeignetes individuelles Redeverhalten unbedingt notwendig.

### Optische Aspekte

Sicherheit und Offenheit ausstrahlen

Wer präsentiert, sollte locker und ruhig stehen, dabei Standbein und Spielbein ab und zu wechseln. Die Haltung ist offen und den Zuhörern zugewandt, die Mimik ist freundlich. Die Gestik sollte beim Vortrag im mittleren Bereich vor dem Körper stattfinden. Die Arme befinden sich im natürlichen Armwinkel, hängen also nicht nach unten und die Hände sind nicht ineinander verschränkt. Wichtig ist, dass der Präsentierende Blickkontakt zu seinen Zuhörern hält. Wenn er Medien einsetzt, sollte er sich also nicht umdrehen und zur Leinwand sprechen, sondern weiterhin nach vorn schauen.

### Akustische Aspekte

Abwechslungsreich vortragen

Ist ein Vortrag monoton, sinkt die Aufmerksamkeit des Publikums sofort. Der Projektleiter sollte langsam und artikuliert sprechen und Wichtiges betonen. Er sollte vermeiden, in der »Schriftsprache« zu sprechen, also »wie gedruckt«; dies kann den Zuhörer überfordern. Mundartliche Färbung ist erlaubt, sofern alle Zuhörer sie verstehen. Der Projektleiter sollte bei seiner Präsentation seine Stimme variabel, abwechslungsreich, moduliert und lebendig einsetzen. Es ist auch notwendig, die Lautstärke zu variieren.

Verbale und nonverbale Signale müssen übereinstimmen.

### Inhaltliche Aspekte

Inhalt, Sprache und Körpersprache bilden eine Einheit und sollten übereinstimmen. So ist es sinnvoll, positive Aspekte mit einer Handbewegung nach oben zu unterstreichen. Überzeugend wirkt eine Präsentation, wenn der Vortragende zusammenhängend argumentiert, eigene Erfahrungen einbringt und Anknüpfungspunkte zum Vorredner sucht.
Das Verständnis der Zuhörer kann der Projektleiter sichern, indem er etwas noch einmal mit anderen Worten oder am konkreten Beispiel erläutert.

Dem Publikum das Zuhören erleichtern

### Stilistische Aspekte

Eine lebendige, farbige Wortwahl erleichtert es dem Publikum, zuzuhören, ebenso Beispiele oder Vergleiche aus dem Erfahrungsbereich der Anwesenden. Kurze Sätze mit wenigen Nebensätzen sind besser verständlich. Rhetorische Fragen steigern die Aufmerksamkeit der Zuhörer. Auch kann der Vortragende sein Publikum direkt erreichen, indem er die »Sie«-Ansprache benutzt. Das hilft auch, »man«-Formulierungen zu vermeiden. Relativierungen sollte der Projektleiter in seiner Präsentation nur bewusst verwenden. Bei Aussagen wie »Eigentlich bin ich überzeugt« stellt sich die Frage: »Ist er es oder ist er es nicht?« Vermeiden sollte er auch Passivkonstruktionen, zum Beispiel »Die Baupläne werden fertiggestellt«. So ist unklar, wer der Verantwortliche für diesen Vorgang ist. Besser ist es, aktiv und positiv zu formulieren, der Einsatz von Verben im Aktiv ergibt eine dynamischere Sprache: »Herr M. stellt die Baupläne fertig.«

## Pausen nutzen

Pausen sind gut geeignet, um den Vortrag zu strukturieren. Das Publikum erhält dadurch die Möglichkeit, das Gehörte zu verarbeiten. Fülllaute wie »äh« dagegen sollte der Vortragende reduzieren.

**Visualisierung in der Präsentation**
Welche Bedeutung Visualisierungen in Besprechungen haben, wurde bereits erläutert. Auch in Präsentationen sind sie ein wichtiges Mittel, um das Verständnis zu sichern.
Eine Visualisierung hat klare Funktionen, die sie erfüllen muss. Nur dann ist sie wirklich hilfreich.

Was lässt sich durch Visualisierung besser darstellen?

**Redeaufwand senken**
Kein Präsentator erklärt mit Worten ein Organigramm, Zeitpläne, den Projektstrukturplan oder eine Bauskizze. Er zeigt solche Informationen als Bild. Er überlegt sich, welches Medium am besten geeignet ist. So kann er zum Beispiel den Projektzeitplan in Teilausschnitten projizieren, wobei die Zuhörer gleichzeitig den gesamten Plan in Papierform vorliegen haben.

**Nicht alles visualisieren**

Die Faustregel bei der Visualisierung lautet »Weniger ist mehr«. Es kommt nicht darauf an, die Inhalte möglichst umfangreich darzustellen, sondern sie zu fokussieren.

Jede Visualisierung wird besprochen.

**Das Wort erweitern und ergänzen – nicht ersetzen**
In der Präsentation darf keine Visualisierung vorkommen, die der Vortragende nicht bespricht. Eine Folie gibt niemals vollständig wieder, was der Präsentator sagt. Eine Präsentation, die darin besteht, dass der Vortragende eine große Anzahl an Folien zeigt und diese dann vorliest, erfüllt nicht das Hauptkriterium, nämlich Inhalte wirksam und überzeugend darzustellen.

Hervorhebungen sparsam einsetzen

**Wesentliches hervorheben**
Wenn alles gleich wichtig ist, ist auch alles gleich unwichtig. Deshalb sollte der Vortragende mit Hervorhebungen sparsam umgehen. Zu viele verschwinden in der Masse.

Nur die wirklichen Kernpunkte sollen mit Farbe oder anderen Gestaltungsmitteln herausgehoben sein und die Blicke auf sich ziehen.

**Das Verständnis erleichtern**

Gleichzeitig hören und sehen

Visualisierungen helfen dem Zuhörer, die vorgetragenen Informationen zu verstehen. Wenn wir etwas gleichzeitig sehen und hören, können wir die Informationen leichter verarbeiten. Viele Menschen können einer Argumentation, die mit mehr als drei Zahlen arbeitet, beim bloßen Zuhören nicht folgen. Visualisiert der Vortragende dagegen die Daten, können die meisten problemlos folgen.

**Gemeinsamen visuellen Bezugspunkt schaffen**

Aufmerksamkeit lenken

Die Konzentration aller auf einen bestimmten Punkt hat eine völlig andere Wirkung als das individuelle Umblättern eines Skripts. Damit ist klar, dass eine Tischvorlage hierfür nicht ausreicht.

**Behaltensquote steigern**

Erinnerung ermöglichen

Zuhörer, die eine Präsentation mit Visualisierung gesehen haben, erinnern sich nach einigen Stunden an mehr als doppelt so viele Informationen als solche, die nur zugehört haben.

### Welche Medien stehen zur Verfügung?

Nicht alle Medien taugen für alle Situationen. So sind zum Beispiel Folien sehr gut geeignet, um Einzelaspekte einer Präsentation zu vertiefen. Ungeeignet sind sie dagegen, wenn es darum geht, übergeordnete Gesichtspunkte zu visualisieren, die für längere Zeit vor Augen bleiben sollen. Hier ist ein Poster das geeignete Medium. Es bleibt sichtbar im Raum, auch wenn der Vortragende die nächste Folie zeigt oder ein weiteres Poster erläutert.

**Flipchart**

Poster vorbereiten

Das Flipchart bietet die Möglichkeit, Poster vorzubereiten oder zumindest teilweise vorzubereiten. Zudem erzielt ein

Poster eine besondere Wirkung: Mit der eigenen Handschrift erweckt es den Eindruck einer persönlichen Dienstleistung. Am Flipchart wird während der Präsentation weitergearbeitet. Dieses Medium ist besonders geeignet, um aktuelle Ideen und Äußerungen von Zuhörern festzuhalten. Dabei sollte der Vortragende darauf achten, dass er den Blickkontakt zu den Zuhörern hält – trägt er etwas auf dem Flipchart ein, spricht er nicht weiter. Er unterbricht den Satz, schreibt, nimmt dann den Blickkontakt wieder auf und redet erst dann weiter.

**Pinnwand**

Strukturen verändern oder weiterentwickeln

Während der Präsentation soll eine Struktur verändert oder weiterentwickelt werden? Es geht darum, Beziehungen neu herzustellen oder Einzelteile anders anzuordnen? Dann ist die Pinnwand ein gut geeignetes Medium. Die angesteckten Karten lassen sich schnell umgruppieren, es ist möglich, aus den Karten Bilder zu formen, die sprachlich begleitet werden können. So entsteht ein runder und sehr schlüssiger Gesamteindruck.

**Overheadprojektor und Folien**

Folien nicht überfrachten

Mit einem Grafikprogramm vorbereitete Folien können sehr professionell gestaltet sein. Allerdings dürfen sie nicht überfrachtet werden. Sie sollten also nicht einzeilig beschrieben sein und eine klare Struktur aufweisen. Wenn der Vortragende physische Folien verwendet, kann er mit Folienstiften aktuelle Hervorhebungen oder Notizen einfügen. Am Laptop ist das nicht so einfach möglich. Also ist gerade dann, wenn ein Thema bearbeitet wird, die Folie eventuell besser geeignet als die perfekte – aber abgeschlossene – Präsentation über Laptop und Beamer. Wenn der Präsentierende die Folie bespricht, wahrt er auch hier den Blickkontakt zu den Zuhörern.

**Laptop und Beamer**

Abgeschlossene Präsentationen

Diese neueste Variante eignet sich in besonderer Weise für in sich abgeschlossene Präsentationen, die sich während des Vortrags nicht mehr verändern sollen. Dann allerdings stehen dem Vortragenden viele wirksame Möglichkeiten zur Verfügung, Inhalte zu visualisieren. Das Problem liegt oft eher darin, das jeweilige Computerprogramm perfekt zu beherrschen. Es kann daher sinnvoll sein, diese Aufgabe an jemanden zu delegieren, der sich damit intensiver und regelmäßig beschäftigt. Allerdings muss der Vortragende in jedem Fall an der Vorbereitung beteiligt sein und die Präsentation gut kennen. Er muss genau wissen, in welchen Teilschritten sich die Visualisierung zum Beispiel durch Animationen verändert. Das erfordert unbedingt einige Probeläufe. Eine perfekte Visualisierung wirkt nur, wenn sie überzeugend und sicher vorgetragen wird.

Sinnvolle Animationen erzielen gute Effekte.

Die Animation bietet allerdings nicht zu unterschätzende Vorteile, die, sinnvoll eingesetzt, gute Effekte erzielen. So lässt sich zum Beispiel das leidige Problem des teilweisen Abdeckens von Folien lösen. Auf einer Folie können zunächst alle Punkte halbtransparent und dann einzeln bei den Erläuterungen in kräftigen Farben erscheinen. Die Aufmerksamkeit der Zuhörer richtet sich so genau auf den aktuell besprochenen Punkt.

## Die Belange des Projekts vertreten

Neben der Motivation der Projektmitarbeiter, der konstruktiven Lösung von Konflikten, der Moderation der Besprechungen und der wirkungsvollen Präsentation des Projekts nach außen gibt es eine weitere wichtige Aufgabe für den Projektleiter. Er muss in der eigenen Organisation und bei externen Projektpartnern für die Belange des Projekts eintreten.

### Richtig verhandeln

Verhandlungen sind Kernaufgabe des Projektleiters.

Projektleiter befinden sich im Projekt sehr oft in Verhandlungssituationen. Sie verhandeln mit dem Auftraggeber über Ziele, Termine und das Budget, mit Linienvorgesetzten darüber, ob und wann personelle Ressourcen zur Verfügung stehen, mit eigenen Projektmitarbeitern und externen Projektpartnern über das richtige Vorgehen. Auch Kunden und nicht zuletzt beauftragte Firmen sind häufige Verhandlungspartner des Projektleiters. Basiswissen zur Verhandlungsführung ist also für den Erfolg des Projekts unverzichtbar.

Gute Vorbereitung ist erfolgsentscheidend.

**Verhandlungen richtig vorbereiten**

Ob der Projektleiter in einer Verhandlung seine Ziele durchsetzen kann oder nicht, ist stark von seiner Vorbereitung abhängig. Entscheidend ist, dass ihm selbst sein Verhandlungsrahmen bewusst ist. Bei dieser sachlichen Vorbereitung hilft die MAMA-Formel. Sie steht für folgende Schritte:

1) **Maximalforderung:** »Was ist aufgrund meiner Perspektive und meiner Interessen das optimale Ergebnis? Welche Ergebnisse stützen meine Lösungsvariante?«
2) **Alternativen:** »Welche Alternativen gibt es für mich zur Maximalforderung, die meine Interessen ebenfalls berücksichtigen? Welche Argumente habe ich hierfür?«
3) **Minimalforderung:** »Welche Ziele muss ich auf jeden Fall erreichen, damit ich zustimmen kann? Wie begründe ich das?« Zwischen der Maximal- und der Minimalforderung liegt der Verhandlungsspielraum.
4) **Ausstieg:** »Unter welchen Bedingungen muss ich deutlich machen, dass ich nicht mehr hinter der Entscheidung stehen kann? Wie steige ich dann aus und wie mache ich den Ausstieg plausibel? Welche Argumente sind hier überzeugend?«

Gesprächspartner in Überlegungen einbeziehen

Dabei sollte der Projektleiter nicht nur seine eigene Position, sondern auch die seines Verhandlungspartners berücksichtigen: Welche Ziele wird dieser voraussichtlich verfolgen? Mit welchen Gegenargumenten muss der Projektleiter rechnen? Sinnvoll ist es, sich systematisch anhand eines Fragebogens auf die Verhandlung vorzubereiten.

## Muster Verhandlungsvorbereitung

### Verhandlungsvorbereitung

Welche Ziele will ich erreichen?

Wie kann ich das Interesse des Verhandlungspartners wecken?

Wie kann ich über die Sachlage informieren?

Welche Fakten und Zahlen kann ich vorlegen?

| Welche Gegenargumente können kommen? | Welche Argumente gibt es dazu? |
|---|---|
| 1) | 1) |
| 2) | 2) |
| 3) | 3) |
| 4) | 4) |

Welches überzeugende Demonstrations- und Anschauungsmaterial kann ich vorlegen?

Welche Vorteile hat die Annahme meines Vorschlags?

Welche beiden annehmbaren, konkreten Vorschläge werden zum Abschluss vorgelegt?

Vorschlag 1

Vorschlag 2

Was ist zu tun, wenn die Verhandlung nicht zum Ziel führt?

## Der Einstieg in Verhandlungen

Positive Atmosphäre schaffen

Wer in eine Verhandlung einsteigt, ist gut beraten, zu Beginn des Gesprächs eine gute Atmosphäre aufzubauen. Im ersten Schritt gilt es, die eigenen Eindrücke zu registrieren und zu ordnen. Wie wirkt der Verhandlungspartner an diesem Tag? Wie ist er auf die Verhandlung vorbereitet? Sind außer ihm noch weitere Personen anwesend oder fehlt womöglich jemand? Anschließend geht es darum, ein allgemein freundliches Klima aufzubauen. Der Projektleiter sollte sich die Zeit nehmen, zunächst über ein allgemeines, positiv besetztes Thema zu sprechen.
Zu vermeiden ist natürlich alles, was persönliche Schwächen oder Eitelkeiten des Verhandlungspartners berühren könnte. Wenn dann die Atmosphäre stimmt, kann der Projektleiter zur eigentlichen Verhandlung überleiten, das Thema und das Ziel der Verhandlung nennen. Es ist sinnvoll, den zur Verfügung stehenden Zeitrahmen zu vereinbaren.

## Der Hauptteil der Verhandlung

Phasenkonzept für Verhandlungen

Jede Verhandlung läuft anders. Um erfolgreich zu sein, kann das folgende Phasenkonzept aber als Orientierung dienen.

- Zu Beginn ist es ratsam, die unstrittigen Punkte anzusprechen und die gemeinsame Gesprächsbasis zu betonen. Kommt der Verhandlungspartner gleich auf Streitpunkte zu sprechen, sollte der Projektleiter ihn unterbrechen und stattdessen erst einmal Punkte vorbringen, die verbinden.
- Dann ist der Zeitpunkt für den eigenen Vorschlag des Projektleiters gekommen. Wenn er dabei den Vorteil, den sein Vorschlag für den Verhandlungspartner bringt, in den Vordergrund stellt, motiviert er ihn damit zum Zuhören. Die Vorschläge sollten logisch aus diesem Vorteil folgen. Wichtig ist eine konkrete und präzise Formulierung, aber auch ein Signal an den Verhandlungspartner, dass Kompromissbereitschaft besteht. Wenn der Verhandlungspartner auf den Vorschlag mit

einem glatten »Nein« antwortet, sollte der Projektleiter dies nicht akzeptieren, sondern seine Sichtweise noch einmal mit anderen Worten oder in einem anderen Kontext darstellen.

Verhandlungspartner nicht unterbrechen

- Häufiger kommt es jedoch zu einer »halben Ablehnung« der Vorschläge, indem der Verhandlungspartner Gegenvorschläge macht. Diese sollte sich der Projektleiter anhören, ohne zu unterbrechen, und dabei genau aufpassen: Was sagt das Gegenüber, was will es konkret? Ist sein Widerstand sachlich oder emotional begründet?
- Wenn der Verhandlungspartner bloße Forderungen stellt oder die Vorschläge des Projektleiters pauschal ablehnt, sollte dieser versuchen, Beweggründe, die hinter diesem Verhalten stecken, zu verstehen. Oft kommen an dieser Stelle auch Fakten ins Spiel. Dann helfen Notizen dabei, diese Angaben zu überprüfen – und vermitteln gleichzeitig noch Sorgfalt und Interesse.

Gegenvorschläge nutzen

- Gegenvorschläge sollten nicht direkt abgelehnt werden. Besser ist es, die eigenen Vorschläge darauf aufzubauen, Wünsche und Forderungen aufzunehmen und eine Lösung zu suchen, die beider Wünsche berücksichtigt. Selbst bei unannehmbaren Forderungen ist es besser, sie zunächst hintanzustellen (»Ich möchte zunächst nicht darauf eingehen«), nochmals die eigenen Vorschläge zu begründen und die Vorteile herauszustellen. Wenn es sachlich möglich ist, sollten die Gemeinsamkeiten hervorgehoben werden, auf denen dann wiederum eigene Vorschläge beruhen können.
- Der Projektleiter sollte es seinem Verhandlungspartner leicht machen, seine Position zu räumen. Dazu gehört es, Zugeständnisse zurückhaltend aufzunehmen und ihn nicht an frühere Feststellungen, die nun obsolet geworden sind, zu erinnern. Jedes Signal von Triumph sollte der Projektleiter vermeiden, sonst kann es schnell geschehen, dass die Gegenseite von ihm an anderer Stelle ein größeres Zugeständnis erwarten wird.

- Zwischenergebnisse sind schriftlich in Zusammenfassungen zu fixieren. Dies sollte so ruhig und sachlich wie möglich erfolgen.
- Natürlich wird der Projektleiter seine Position nicht immer durchsetzen können. Dennoch sollte er den eigenen Rückzug nur zurückhaltend antreten. Auch ist es nicht sinnvoll, sich innerlich als Verlierer zu sehen, wenn er seine Vorstellungen aufgibt. Zielführender ist die Frage, welche sachlichen Vorteile die Entscheidung auch für ihn selbst hat. Und bei einem neuen Verhandlungsgegenstand kann der Projektleiter nun durchaus an die Kompromissbereitschaft seines Gegenübers appellieren.
- Der Projektleiter sollte niemals selbst das Gespräch abbrechen, sondern immer versuchen, zu einem für beide Seiten akzeptablen Ergebnis zu kommen.

Ergebnisse schriftlich festhalten

Am Ende des Hauptteils ist es wichtig, alle sachlichen Ergebnisse sorgfältig zusammenzufassen. Sonst besteht schnell die Gefahr, dass Beschlüsse in Vergessenheit geraten. Ebenso besteht sonst das Risiko, dass sie im Nachhinein unterschiedlich interpretiert werden. Dann müssen die Gesprächspartner Punkte, die bereits geklärt schienen, möglicherweise erneut verhandeln.

### Der Schluss der Verhandlungen

Ganz gleich, wie hart die Verhandlungen in der Sache geführt wurden, der Abschluss eines Verhandlungsgesprächs sollte immer für eine freundliche und positive Atmosphäre sorgen. Der Projektleiter äußert dafür seine Zufriedenheit mit dem Ergebnis, selbst dann, wenn er seine Vorstellungen nicht vollständig durchsetzen konnte.

### Richtig argumentieren

Eigene Position durchsetzen

Wie oft der Projektleiter zum Beispiel mit dem Auftraggeber über Fragen des Projekts diskutieren muss, hängt vor allem von seinem Kompetenzrahmen ab. Je enger dieser gesteckt ist, desto häufiger wird er in die Lage geraten, seine Position durchsetzen zu müssen. Dafür ist es notwendig, gut zu argumentieren und das Gegenüber von den eigenen Vorstellungen zu überzeugen.

### Aufforderung, die eigene Position aufzugeben

Unterschiedliche Vorstellungen prallen aufeinander.

Für die erfolgreiche Argumentation liefert die Argumentationspsychologie einige gute Hinweise. Ausgangssituation ist, dass sich zwei unterschiedliche Positionen gegenüberstehen – auf der einen Seite befindet sich der Projektleiter mit seinen Vorstellungen, auf der anderen der Auftraggeber mit den seinen. Der Projektleiter muss nun den Auftraggeber dabei unterstützen, seine Position zu räumen und ihm entgegenzukommen. Wenn beide sich auf der Wegstrecke treffen, gehen sie einen Kompromiss ein.

### Fehler bei der Argumentation

Häufige Missverständnisse

Zunächst gilt es, mit einigen Missverständnissen aufzuräumen:

- »Es ist von Vorteil, wenn der Gesprächspartner nur wenige eigene Argumente anbringt.« Falsch, denn nur Argumente, die auch genannt werden, lassen sich besprechen und in die eigene Argumentation einbinden. Den anderen nicht zu Wort kommen zu lassen, ist der falsche Weg.
- »Den Argumenten des Gesprächspartners sollten gleich eigene Argumente entgegengesetzt werden.« Es ist ein Fehler, die Argumente des Gegenübers nicht zu besprechen. Der bloße Widerspruch verprellt den Gesprächspartner.
- »Gute und gewichtige Argumente erzwingen Einsicht.« Auch die besten Argumente können keine Einsicht erzwingen. Wer sich nur auf die Übermacht der eigenen Argumente verlässt und den Gesprächspartner an die Wand redet, wird oft enttäuscht werden. Es geht nicht nur darum, das Gegenüber sachlich zu überzeugen, sondern auch darum, ihn persönlich für die neue Position zu gewinnen.

Gerade der letzte Punkt macht deutlich: Um jemanden argumentativ zu überzeugen, sind neben guten Sachargumenten auch emotionale Botschaften notwendig.

**Den Gesprächspartner sachlich und emotional überzeugen**

Entgegenkommen erleichtern

Für den Projektleiter bedeutet dies in Gesprächen mit dem Auftraggeber, dass er diesem das Entgegenkommen erleichtern muss, sowohl auf sachlicher als auch auf emotionaler Ebene.
Zum einen sind dafür gute Sachargumente notwendig. Entscheidend ist, dass dabei der Vorteil für den Auftraggeber im Vordergrund steht. Was hat er davon, wenn er auf den Vorschlag eingeht? Der Projektleiter sollte also die sachlichen Aspekte betonen, die für den Auftraggeber attraktiv sind.
Auf der emotionalen Ebene sollte der Projektleiter dem Auftraggeber das Gefühl geben, dass dessen Argumente gehört und respektiert werden. Dazu ist es wichtig, sie nicht zu übergehen, sondern sie zu besprechen. Der Projektleiter signalisiert so Interesse für die Situation und die Wünsche des Auftraggebers. Außerdem muss noch deutlich werden, dass ein Entgegenkommen des Auftraggebers positiv gewertet wird. Es bedeutet keinen Gesichtsverlust und keine Minderung des Prestiges.
Am Anfang sollte der Projektleiter das zweitstärkste Argument vortragen, das stärkste kommt kurz vor dem Abschluss. Das Gewicht eines Arguments richtet sich danach, was für den Gesprächspartner interessant ist. Grundsätzlich gilt: Nur wer seine eigenen Argumente gewürdigt sieht, wird sich auch überzeugen lassen. Und ob sich jemand überzeugen lässt, entscheidet er allein.

**Argumentationsmethoden**

| Methode | Beispielformulierungen |
|---|---|
| Konkrete Beispiele als Beleg und zur Illustration anführen | »In einem anderen Fall konnten wir durch diese Maßnahme fast 3 Prozent der Kosten einsparen.« Aber Achtung: Das sind keine Beweise! |
| Fehler eingestehen, wenn diese bekannt sind | »Ich habe aber aus meinen Fehlern gelernt.« |
| Das Wohlwollen des Gesprächspartners gewinnen, seine Gefühle ansprechen, seine Verdienste anerkennen | »Sie als Fachmann fühlen sich bestimmt wohl, wenn Sie ein durchgängiges Konzept vorliegen haben.« |
| Die persönlichen Bemühungen des Gesprächspartners würdigen; sich in seine Lage versetzen und Alternativen entwerfen | »Ich weiß, dass Sie Experte für diese Verfahrensfragen sind und erkenne Ihre Verdienste auf diesem Gebiet an. Gerade daher ...« |
| Gemeinsames betonen | »Ich freue mich, dass wir in diesem Punkt übereinstimmen.« |
| Vorteile für den Gesprächspartner nennen | »Bedenken Sie, mit welchen Vorteilen die Durchführung dieses Projekts für Sie verbunden ist.« |
| Mit einer Frage abschließen | »Meinen Sie nicht, dass ...?«, aber Provokationen (etwa durch den Zusatz »auch«) vermeiden |
| Vertrösten, wenn die Gegenargumente fehlen | »Zu dieser Frage möchte ich den zuständigen Mitarbeiter heranziehen.« |

## Einwänden begegnen

Acht Methoden der Einwandbehandlung

Ein sensibler Punkt ist immer der Umgang mit Einwänden und Gegenvorschlägen. Denn die Reaktion darauf signalisiert häufig Wertschätzung oder Ablehnung.
Es gibt acht Methoden der Einwandbehandlung. Besonders die Standardmethode des »Ja, aber ...« verhindert das spontane, direkte, wenig wertschätzende »Nein« als erstes Wort der eigenen Reaktion.

| Methoden der Einwandbehandlung | |
|---|---|
| **Methode** | **Einsatz** |
| **Ja-aber-Methode (Standardmethode)**<br>»Ich habe volles Verständnis für Ihren Vorschlag. Er hätte ja wirklich viele Vorteile, zum Beispiel die problemlose Abwicklung der ... Nur sehen Sie auch, dass damit neue Probleme für uns beide entstehen, an denen wir nicht vorbeikommen. Da ist zum Beispiel die Frage der ...« | – Bei allen Einwänden zur Vermeidung des direkten »Nein«<br>– Um im ersten Schritt persönliche Wertschätzung zu vermitteln, bevor die Behauptung der eigenen Sachposition erfolgt |
| **Rückfrage-Methode**<br>»Aus welchen Gründen können Sie meine bisherigen Ausführungen nicht akzeptieren?«<br>»Womit vergleichen Sie den Fall?« | – Bei unbegründeten Gegenvorschlägen<br>– Wenn der Redner Zeit braucht, um seine Reaktion zu überlegen |
| **Nachteil-Vorteil-Methode**<br>»Jawohl – diese Frage haben wir bedacht, aber beachten Sie bitte folgende Vorteile, die wir ...« | – Bei objektiv richtigen Einwänden den Nachteil zugeben und sofort die Vorteile herausstellen<br>– Vermeiden, länger über negative Aspekte zu reden oder gar zu streiten |
| **Wiederholungsfrage**<br>»Wenn ich Sie richtig verstanden habe, wollen Sie sagen, ...«<br>»Sie stellen eine interessante Frage, die nach dem Kosten-Nutzen-Verhältnis ...« | – Einwand in Frageform wiederholen, dabei leicht umformulieren für den eigenen Argumentationsansatz |
| **Vorwegnahme-Methode**<br>»Sie könnten nun vermuten, dass wir die allgemeine Preiserhöhung mitmachen ...«<br>»Sie scheinen nach der Berichterstattung an diesen Fakten zu zweifeln ...« | – Den möglichen Einwand selbst formulieren und so die Gesprächsinitiative behalten<br>– Nur wenn der Einwand sicher kommt, um keine schlafenden Hunde zu wecken |
| **Umkehr-Methode (Verunsicherungsmethode)**<br>»Sind Sie wirklich sicher, dass das Konkurrenzangebot diesen Service beinhaltet? Ich möchte das dann schon überprüfen. Könnte es sich nicht um ein Missverständnis handeln?« | – Den Einwand zurückgeben<br>– Nur wenn vorschnelle Tatsachenbehauptungen die eigene Argumentation unhaltbar machen<br>– Nur im Notfall anwenden |

**Methoden der Einwandbehandlung (Fortsetzung)**

| Methode | Einsatz |
|---|---|
| **Rückstell-Methode**<br>»Erlauben Sie, dass ich später darauf eingehe?«<br>»Darf ich Ihre Frage aufschreiben?« | – Fragen, ob der Einwand später beantwortet werden darf<br>– Den Einwand notieren<br>– Das Gespräch ordnen, erst das aktuelle Thema abschließen |
| **Ablenk-Methode**<br>»Andererseits könnten Sie von folgender Überlegung ausgehen ...«<br>»Auf der anderen Seite sollten wir uns mit folgendem wichtigen Gesichtspunkt befassen ...« | – Einen neuen Gesichtspunkt bringen, der für den Gesprächspartner attraktiv ist<br>– Wenn jemand sein Lieblingsthema zu stark strapaziert<br>– Um im Gespräch weiterzukommen |

Die Standardmethode des »Ja, aber ...«, die Nachteil-Vorteil-Methode, die Rückfrage- und die Rückstell-Methode sollte der Projektleiter fest in sein Verhaltensrepertoire aufnehmen. Die anderen Methoden dagegen setzt er besser nur in spezifischen Fällen ein. Einige der Methoden sind sehr komplex in der Handhabung.

### Wiederholungsfrage richtig einsetzen

Manipulative Methode

Die Wiederholungsfrage ist eine manipulative Methode, die sich aus mehreren Bestandteilen zusammensetzt. Wenn zum Beispiel ein Projektpartner sagt, dass in einer bestimmten Frage keine Einigung möglich ist, kann der Projektleiter das Anliegen aufgeben oder sich der Wiederholungsfrage bedienen. Die Entgegnung würde folgende Elemente umfassen:

**Wiederholungsfrage**

| **Element** | **Beispielformulierungen** |
|---|---|
| Scheinbar recht geben; dabei leicht umformulieren, um einen eigenen Spielraum zu erhalten | »Ja, Herr M., ich gebe Ihnen da völlig recht – wir werden uns in dieser Frage **heute** nicht einigen.« |
| Vorschlag machen und dabei einen gemeinsamen Standpunkt behaupten; Kompetenz ansprechen | »Ich denke, **wir sollten beide** noch einmal darüber nachdenken. Ich werde ausloten, wie ich Ihnen da entgegenkommen kann. Sie werden vielleicht auch **Möglichkeiten finden.**« |
| Ehrgeiz wecken; locken; gemeinsamen Erfolg ansprechen | »Aber das wäre ja noch schöner, wenn **wir beide** das Problem nicht lösen würden.« |
| Eine Alternative zur Entscheidung anbieten, über die er nachdenkt | »Was meinen Sie – wollen wir uns am Montag noch einmal zusammensetzen oder erst am Mittwoch?« |

## Das Projektcontrolling

Mithilfe des Controllings können alle Beteiligten den Projektablauf überwachen. Controlling-Kriterien und Controlling-Termine legen sie dabei bereits in der Planungsphase fest. Ziel ist, Probleme rechtzeitig zu erkennen und steuernd einzugreifen.

### Die prozessorientierte Steuerung

Feste Stichtage zur Überprüfung des Projektstands

Prozessorientierte Steuerung bedeutet, dass das Projektteam zu Beginn des Projekts für festgelegte Zeitpunkte Sollwerte, etwa für Termine oder Kosten, setzt. Zu diesen Stichtagen erheben die Verantwortlichen dann die tatsächlich erzielten Istwerte. Stellen sie Abweichungen fest, ergreifen sie Steuerungsmaßnahmen, um die Fehlentwicklungen auszugleichen.

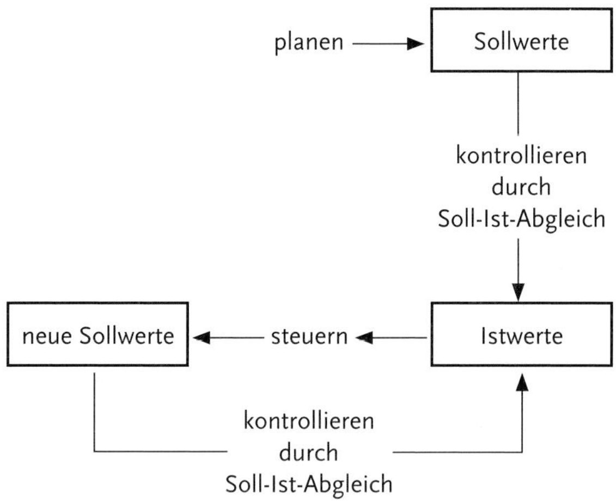


Bei der prozessorientierten Steuerung werden die Soll- und Istwerte regelmäßig abgeglichen. Abweichungen, vor allem Verzögerungen oder Budgetüberschreitungen, können so schnell erkannt werden.

Zu Beginn sorgfältig planen, denn Probleme stellen sich von selbst ein.

### Schritte der dynamischen Prozesssteuerung

Diese Art der Prozesssteuerung ist dynamisch, weil neue Gegebenheiten neue Sollwerte erfordern, um das Projektziel zu erreichen.

- **1. Schritt:** Das Projektteam erstellt eine Planung mit ersten Sollwerten.
- **2. Schritt:** Die Verantwortlichen erheben die Istwerte und kontrollieren diese durch einen Soll-Ist-Vergleich. Differenzen treten dabei zutage.
- **3. Schritt:** Das Projektteam ergreift Steuerungsmaßnahmen mit neuen Sollwerten, die die Abweichung kompensieren sollen.
- **4. Schritt:** Die Verantwortlichen ermitteln erneut die Istwerte, die nach den Steuerungsmaßnahmen erreicht wurden, und gleichen diese mit den modifizierten Sollwerten ab.
- **5. Schritt:** Bei Abweichungen ergreifen sie erneut weitere Steuerungsmaßnahmen, die wiederum zu neuen Sollwerten führen.

Projektleitung, Projektteam und Auftraggeber können durch diese Art der Prozesssteuerung die Projektziele auch verfolgen, wenn sich die Rahmenbedingungen ändern oder unvorhergesehene Probleme auftreten. Wenn sie Risiken rechtzeitig identifizieren, dann können sie schon zu einem frühen Zeitpunkt Steuerungsmaßnahmen einplanen und ergreifen.

**Entscheidungskompetenz im Projekt?**
Maßgeblich für die Art der Eingriffe ist die Entscheidungskompetenz, die erforderlich ist, um die entsprechenden Maßnahmen beschließen zu können.

Projektsteuerung erfolgt in allen Projektteilen

- Maßnahmen im betreffenden Arbeitspaket veranlasst das verantwortliche Mitglied des Projektteams.
- Wenn sich das Problem nicht innerhalb des Projektteils lösen lässt oder wenn Maßnahmen erforderlich sind, die dort nicht entschieden werden können, beschließt das Projektteam die Eingriffe.
- Weicht der Projektverlauf gravierend von den Plangrößen ab oder bestehen komplexe und ungelöste Probleme, muss der Projektleiter den Auftraggeber informieren.
- In dieser Besprechung, die in der Regel nach einem Zwischenbericht stattfindet, entscheidet der Auftraggeber dann über Maßnahmen.

**Denkbare Maßnahmen ermitteln und ergreifen**

Maßnahmen müssen wirksam sein.

Inhaltlich können die Steuerungsmaßnahmen alle Aspekte des Projekts betreffen. Alle getroffenen Steuerungsmaßnahmen müssen so angelegt sein, dass sie mit hoher Wahrscheinlichkeit das zugrunde liegende Problem lösen. Die Verantwortlichen überwachen den Erfolg der Steuerungsmaßnahme genau.

**Beispiel Steuerungsmaßnahmen »Filmtage 2011«**
Dem Projektteam »Filmtage 2011« stehen verschiedene Steuerungsmaßnahmen zur Verfügung.
Hinsichtlich des **Leistungsumfangs** kommen zum Beispiel infrage: Verringerung der Veranstaltungstage, der Anzahl der Filme oder der Zahl der eingeladenen Gäste. Das bedingt in der Regel eine Modifizierung der Projektziele.
Bei der **Qualität** kann zum Beispiel beschlossen werden, den technischen Aufwand bei der Tonanlage in der Auftaktveranstaltung zu reduzieren. Ebenfalls kann es zu Einschränkungen bei den zu buchenden Hotelzimmern für die Gäste oder beim Catering kommen.
In Bezug auf die **personellen Ressourcen** ist es denkbar, die Anzahl der Projektmitarbeiter in bestimmten Arbeitspaketen oder das Arbeitsvolumen der vorhandenen Projektmitarbeiter zu erhöhen. Neue Mitglieder und damit zusätzliche fachliche Kompetenz können in das Projektteam aufgenommen werden.
Was die **finanziellen Ressourcen** betrifft, bestehen mögliche Maßnahmen zum Beispiel darin, das Projektbudget zu erhöhen oder es aufgrund veränderter Rahmenbedingungen zu senken. Arbeiten im Projekt, die ursprünglich eigene Mitarbeiter bewältigen sollten, können an Fremdfirmen vergeben werden. Das bringt Zeit, kostet aber im Gegenzug Geld.
Auch bei den **Terminen** sind Eingriffe denkbar. So können die Verantwortlichen mehr Zeit bekommen, um ein Arbeitspaket zu bewältigen – wenn gleichzeitig die Zeit bei einem der nachfolgenden Arbeitspakete reduziert oder der Endtermin verschoben wird.
Dies ist nur eine kleine Auswahl der möglichen Maßnahmen und Varianten.

## Die Zwischenberichte

Ein Instrument des Controllings sind die Zwischenberichte. Sie geben Auskunft über zentrale Aspekte des Projekts. Ihr Grundgerüst im Projekt bleibt immer gleich und besteht aus einer Auswahl formalisierter Berichtsblätter. Diese stellen klare Anforderungen und Handlungsorientierungen für den Berichterstatter, also die Projektleitung, und die Mitglieder des Projektteams bereit. Der Vorteil liegt auf der Hand – die Standardisierung spart Zeit und sorgt für gleichbleibende Qualität. Allen an der Entstehung des Berichts beteiligten Projektmitarbeitern ist klar, welche Informationen sie aus den Projektteilen für den Bericht zur Verfügung stellen müssen.

**Der Ablauf der Berichterstattung**

Präsentation gemeinsam mit einem Projektteammitglied

Der Projektleiter gibt zu den vereinbarten Zeitpunkten jeweils einen schriftlichen Zwischenbericht ab. Gemeinsam mit einem weiteren Mitglied des Projektteams erläutert er ihn dem Auftraggeber mündlich. Der Sinn besteht darin, den Auftraggeber über den Stand des Projekts zu informieren. Der Zwischenbericht ist möglichst kurz, aussagekräftig und konzentriert sich auf das Wesentliche. Ein weiteres Ziel ist, den Auftraggeber darüber zu informieren, welche Entscheidungen anstehen, die für den Verlauf des Projekts entscheidend sind. Der Zwischenbericht versetzt den Auftraggeber in die Lage, sich einen differenzierten Eindruck vom Zustand des Projekts zu verschaffen, gezielte Fragen zu stellen und zu entscheiden.

**Welche Inhalte hat der Zwischenbericht?**

Wesentliche Punkte des Zwischenberichts

Der Zwischenbericht sollte die folgenden Punkte umfassen, um den Auftraggeber zu informieren:

- Informationen zur Erfüllung der Arbeiten: aufgetretene Schwierigkeiten, Lösungsversuche
- Informationen zum Bearbeitungsstand des Projekts: Vergleich mit dem Projektzeitplan, Fortschritte, Abweichungen, die keine Entscheidungen des Auftraggebers erfordern, ergriffene Steuerungsmaßnahmen; Ausblick auf die jetzt anstehenden Aufgaben
- Informationen zur Kostenentwicklung im Projekt: Vergleich mit dem Budgetplan und Meilensteinplan, Abweichungen vom Plan, die keine Entscheidungen des Auftraggebers erfordern, Steuerungsmaßnahmen, die ergriffen wurden
- Informationen über Probleme des Projekts, die Entscheidungen des Auftraggebers erfordern: Vorstellung der Lösungsmöglichkeiten und der möglichen Konsequenzen dieser Lösungen

Schnelle Information durch formalisierten Aufbau

**Standardisierte Formblätter verwenden**

Die komprimierte Form der Zwischenberichte lässt sich erreichen, indem stark formalisierte Berichtsblätter verwendet werden. Die dadurch immer wiederkehrende Struktur der Zwischenberichte erlaubt es den Lesern, gezielt auf Informationen zuzugreifen und sich in kürzester Zeit einen Überblick über die Entwicklung des Projekts zu verschaffen. Wie der Zwischenbericht auszusehen hat, legen die Verantwortlichen in der ersten Projektphase fest. Hier treffen die Vorschläge aus dem Projektteam mit den Wünschen des Auftraggebers zusammen.

In Organisationen, in denen ein Projekthandbuch vorliegt, legt dieses die Grundform der Zwischenberichte fest. Dann sind allenfalls kleinere Ergänzungen und Modifikationen möglich.

Welche Inhalte die Zwischenberichte haben und welche Formblätter dafür dienen sollen, legen die Beteiligten eigens für jedes Projekt fest. Entscheidend ist, was das Projektteam, der Kunde und der Auftraggeber als wichtig ansehen. Im Folgenden wird daher nur eine Auswahl der möglichen Formblätter erläutert, daneben sind zahlreiche weitere denkbar.

Grundlegende Informationen zum Projekt

**Titelblatt: Basisinformationen zusammenstellen**

Im Kopf befinden sich die Bezeichnung »Zwischenbericht«, die fortlaufende Nummer des Berichts und das Datum, zu dem der Bericht erstellt wurde. Dies ist der Stichtag, bis zu dem alle Bearbeitungsstände und angefallenen Kosten berechnet wurden.

Darunter steht der offizielle Projekttitel, den das Projektteam gemeinsam mit dem Auftraggeber festgelegt hat. In manchen Projekten wird auf dem Titelblatt ein kennzeichnendes Bild zur Projektaufgabe eingefügt, das dann jeweils dem Projektfortschritt entsprechend aktuell durch ein neues Bild ersetzt wird. Beim Projekt »Filmtage 2011« könnte dies zum Beispiel ein attraktives Plakat sein.

Ganz unten im Fuß des Blatts erscheinen der Name des Projektleiters und die Angabe, über welchen Zeitraum dieser Zwischenbericht Auskunft gibt.

### Verteiler: Empfänger auflisten

Wer erhält den Bericht?

Ab diesem Blatt erscheint der Projektname hinter der Bezeichnung »Zwischenbericht«. Die anderen Rahmeninformationen in den Kopf- und Fußzeilen bleiben erhalten. Darunter, an der Stelle, an der zuvor der vollständige Projekttitel genannt wurde, steht ab jetzt, um welches Blatt des Zwischenberichts es sich handelt. Bei diesem Blatt ist das also die Angabe »Verteiler«. In der letzten Zeile rechts befindet sich – wie auch auf allen folgenden Blättern – die fortlaufende Seitenzahl des jeweiligen Berichtsblatts.
In den Verteiler gehören die unmittelbar am Projekt Beteiligten einschließlich der externen Projektpartner. Darüber hinaus sollten die Zwischenberichte aber auch an die Linienvorgesetzten aus der eigenen Organisation gehen, die zu bestimmten Zeitpunkten personelle Ressourcen zur Verfügung stellen sollen.

**Beispiel Verteiler Zwischenberichte »Filmtage 2011«**
Beim Projekt »Filmtage 2011« erhält die Zwischenberichte zum Beispiel der Leiter des Ordnungsamts, der die verkehrstechnische Unterstützung leisten soll. Aus dem Kulturamt sind jetzt schon Mitarbeiter im Projektteam vertreten. Der Fachbereichsleiter des Kulturamts erhält den Zwischenbericht aber auch, weil im Veranstaltungszeitraum weitere personelle Ressourcen aus seinem Bereich benötigt werden.

### Inhaltsverzeichnis: Was steht wo?

Was ist wo?

Das Inhaltsverzeichnis, das das dritte Blatt füllt, bleibt im Wesentlichen in allen Zwischenberichten gleich. Hintergrund ist, dass der Zwischenbericht stark formalisiert ist und er bestimmte Informationsblätter in der immer gleichen Struktur wiedergibt. Die angegebenen Inhaltspunkte kehren zuverlässig wieder, auch wenn im Berichtszeitraum zum Beispiel keine Steuerungsmaßnahmen nötig waren.

Die einzelnen Berichtsblätter unterscheiden sich ab dem Zwischenbericht der Arbeitspakete lediglich in der Anzahl der benötigten Seiten, denn ab diesem Berichtsblatt sind auch textliche Ausführungen enthalten. Diese können mehr als eine Seite Umfang beanspruchen und damit die Folgeseiten nach hinten verschieben.

**Kurzbericht: Stand der Dinge überblicken**

Wie steht es im Groben um das Projekt?

Im Kurzbericht auf dem vierten Blatt sieht der Auftraggeber auf den ersten Blick, wie es im Groben um das Projekt bestellt ist. Die Verantwortlichen kreuzen auf diesem Blatt die betreffenden Zeilen ohne weitere Angaben an, inwieweit sie voraussichtlich Leistungen, Kosten und Termine einhalten können. Die Projektleitung erläutert die Auswahl dann bei der Präsentation des Zwischenberichts mündlich. Die erste Kategorie »Leistung« gibt an, ob das Projektteam die geplanten Spezifikationen, Qualitätsmerkmale, Messgrößen und so weiter umsetzen kann. Es handelt sich also um eine Einschätzung, ob die Produkte des Projekts den Erwartungen des internen Auftraggebers beziehungsweise des Kunden entsprechen.

**Beispiel Kurzbericht Leistung »Filmtage 2011«**

Die Vorgabe für das Projekt »Filmtage 2011« lautet, dass mindestens ein international renommierter Regisseur als Gast auftreten soll und dass wenigstens sechs Filme noch nicht in den Kinos des Landes gelaufen sein sollen. In der Kategorie »Leistung« erfährt der Auftraggeber, ob das gelingt.

Probleme der Kostenentwicklung auf einen Blick

Die Kategorie »Kosten« berichtet, ob das Budget eingehalten werden kann oder ob es zu Über- beziehungsweise Unterschreitungen kommt. In den letzten beiden Fällen wird auch die Höhe der erwarteten Abweichung genannt. Dabei hängt es von den Kompetenzen der Projektleitung ab, ob der dritte Punkt – er lautet »eine Kostenüberschreitung von ... EUR zeichnet sich ab; sie kann wahrscheinlich kompensiert werden« – weiterer Entscheidungen bedarf. Wenn die Projektleitung innerhalb des Gesamtbudgets zwischen den einzelnen Projektteilen kompensieren darf, ist keine weitere Entscheidung nötig. Wenn sie dazu aber nicht befugt ist, muss der Auftraggeber entscheiden, ob er mit den vorgeschlagenen Kompensationen einverstanden ist oder ob er eine Alternative vorzieht. Es ist zum Beispiel möglich, dass der Auftraggeber eine vorgeschlagene Kürzung in einem bestimmten Projektteil nicht umsetzen will. In diesem Fall müssten die Kosten in anderen Bereichen eingespart oder das Gesamtbudget aufgestockt werden.

**Beispiel Kurzbericht Kosten »Neubau Parkhaus Klinikum«**
Im Projekt »Neubau Parkhaus Klinikum« kommt es zu einer Kostenüberschreitung. Der Projektleiter schlägt daher vor, für bestimmte Bauteile ein kostengünstigeres Material zu verwenden. Der Auftraggeber fürchtet aber das Risiko einer Qualitätseinbuße und lehnt ab.

Terminprobleme sofort erfassen

In der Kategorie »Termine« lassen sich die sogenannten unkritischen und kritischen Termine unterscheiden. Ob das Projektteam den Endtermin einhalten kann, ist vor allem davon abhängig, dass die kritischen Arbeitspakete fristgerecht bearbeitet werden. Die unkritischen Arbeitspakete dagegen haben in der Regel keinen Einfluss auf den Endtermin.
Wenn die Verantwortlichen auftretende Verzögerungen innerhalb der folgenden Arbeitspakete ausgleichen können, muss der Auftraggeber normalerweise nicht weiter entscheiden. Dies ist nur erforderlich, wenn zum Ausgleich der Terminschwierigkeiten zusätzliches internes Personal notwendig ist und daher Probleme mit den Linienvorgesetzten auftreten können. Gleiches gilt auch, wenn das Projektteam Aufträge an externe Firmen vergeben möchte und dadurch das Budget überschreitet.

## Grundregel bei Überschreitung des Endtermins

Wird der geplante Endtermin des Projekts überschritten, ist in jedem Fall eine Entscheidung des Auftraggebers notwendig.

Vergröberte Form des Projektorganisationsplans

**Projektorganisationsplan: Ansprechpartner festhalten**
Das nächste Berichtsblatt gibt in vergröberter Form den Projektorganisationsplan wieder. Wer sich über die genaue Zuweisung der Arbeitspakete zu einzelnen Projektteammitgliedern informieren will, kann den differenzierten Plan in der Projektdokumentation finden.
Der verkürzte Projektorganisationsplan im Zwischenbericht ermöglicht es, schnell mit den Verantwortlichen für die verschiedenen Projektteile Kontakt aufzunehmen. Zu diesem Zweck steht bei den Namen der Ansprechpartner jeweils deren Durchwahlnummer.

Welche Arbeitspakete werden aktuell bearbeitet?

**Projektstrukturplan: Arbeitspakete vermerken**
Der Projektstrukturplan auf dem folgenden Berichtsblatt ist fester Bestandteil des Zwischenberichts und wird zu jedem Berichtszeitpunkt aktualisiert. Es ist sehr wahrscheinlich, dass während des Projekts weitere Arbeitspakete hinzukommen, die zu Beginn der Planungen noch nicht sichtbar waren oder die einfach vergessen wurden. Im Zwischenbericht sollte der Projektstrukturplan eher übersichtlich denn vollständig sein.

Wie ist der Stand in den Arbeitspaketen?

**Arbeitspakete: der eigentliche Zwischenbericht**
Ab dem Berichtsblatt »Arbeitspakete« beginnt der eigentliche Zwischenbericht. Der Leser erhält zunächst eine grobe Orientierung und dann auf den weiteren Seiten zusätzliche Erläuterungen. Die Gliederung dieses Textes bleibt weitgehend gleich. In der Anfangsphase des Projekts legen Projektleitung und Auftraggeber fest, wie sie auszusehen hat. In der Kategorie »Budget« kann sich der Auftraggeber einen Überblick über die bisher im Projekt eingesetzten Ressourcen verschaffen. Daneben erfährt er, welche Mittel für den aktuellen Berichtszeitraum genehmigt und in welchem Maße diese Mittel innerhalb dieser Frist verbraucht wurden. Stichtag ist der Termin der Berichterstellung.
Der Punkt »Arbeiten im Berichtszeitraum« informiert kurz, ob der Zeitplan einzuhalten ist oder ob das Projekt sich im Verzug befindet.

Den dritten Abschnitt, der unter dem Punkt »Anordnung des Berichts« folgt, bildet der eigentliche Bericht in Textform. Dieser muss für Außenstehende, also für Personen, die nicht im Projektteam mitarbeiten, verständlich, aber zugleich möglichst knapp gehalten sein. Der Umfang des Berichts hängt davon ab, wie viele Arbeiten im Berichtszeitraum angefallen sind und welche Probleme das Projektteam durch entsprechende Steuerungsmaßnahmen lösen musste. Im Einzelnen gilt:

Abweichungen vom geplanten Verlauf werden angesprochen.

- Der Zwischenbericht gibt nur Projektarbeiten im Berichtszeitraum wieder, wenn besondere Informationen vorliegen, die aus den Projektplänen, also der Beschreibung der Arbeitspakete, nicht hervorgehen und die interessant sind für die Berichtsempfänger. Das können zum Beispiel Schwierigkeiten sein, die bei der Bearbeitung aufgetreten sind, oder auch besondere Konflikte, die sich mit Mitarbeitern aus der Linie oder mit Linienvorgesetzten ergeben haben.
- Die Projektfortschritte werden differenziert beschrieben. Es erfolgt dabei ein Durchgang durch alle Arbeitspakete, die das Projektteam im Berichtszeitraum begonnen, weiterbearbeitet oder beendet hat.
- Der Abschnitt »Aktuell erreichter Projektstand« führt sowohl differenzierte Informationen zu den verschiedenen Arbeitspaketen als auch eine globale Einschätzung des erreichten Projektstands über alle Arbeitspakete hinweg auf. Dabei wird das erreichte Ist mit dem geplanten Soll verglichen und jede Abweichung präzise benannt.

Gründe für die Planabweichungen werden angegeben.

- Im nächsten Berichtsabschnitt stehen die Gründe für die Planabweichungen. Das können sachliche Gründe sein, zum Beispiel unerwartete technische Probleme oder ein falsch eingeschätzter Arbeitsaufwand. Es kann sich aber auch um personelle Gründe handeln, wenn etwa Projektmitarbeiter ausgefallen sind oder die Linienvorgesetzten in einer unerwarteten Belastungssituation Ressourcen verweigert haben.

- Der Zwischenbericht sollte in allen Fällen angeben, welche Steuerungsmaßnahmen die Verantwortlichen ergriffen haben, um die Abweichungen zu korrigieren beziehungsweise zu kompensieren. Wenn das nicht möglich ist, sollten die Verantwortlichen Maßnahmen vorschlagen, über die dann der Auftraggeber entscheiden muss.
- Der sechste Berichtsabschnitt beschreibt die aktuell geplanten Arbeiten im kommenden Berichtszeitraum. Hierbei geht es vor allem um jene Aspekte, die gegenüber der ursprünglichen Planung neu sind, die sich also aufgrund von Modifizierungen ergeben haben. Außerdem erhält der Leser zusätzliche Informationen, die sich für Außenstehende nicht unmittelbar aus den Planungsinstrumenten erschließen.

Welche Verträge wurden geschlossen?

- Im letzten Abschnitt »Rechtslage und Verträge« geht der Berichterstatter darauf ein, welche Verträge mit externen Projektpartnern im Berichtszeitraum geschlossen wurden. Besonders wichtig sind hier Informationen über Vertragsbedingungen, die sich als schwierig erweisen könnten, oder über Vertragsverletzungen. Angaben zur Rechtslage beziehen sich auf die rechtlichen Möglichkeiten und Chancen, die sich in der jeweiligen Situation ergeben. Hier ist es besonders wertvoll, wenn die Verantwortlichen die künftige Entwicklung einschätzen. Das kann zum Beispiel Zuwiderhandlungen des Vertragspartners oder eigene Versäumnisse und die möglichen Konsequenzen für das Projekt betreffen.

**Verzeichnis der Unterlagen: raschen Zugriff sicherstellen**

Welche Dokumente liegen vor?

Das sorgfältig geführte Verzeichnis der im Berichtszeitraum erstellten Unterlagen ermöglicht den Beteiligten, schnell auf Quellinformationen zuzugreifen. Dieses Blatt führt also jegliche Dokumente, Verträge, Gesprächsprotokolle und Problemlösungen auf, kurzum alles, was das Projekt an beschriebenem Papier oder an Dateien hervorbringt. Wenn sich also jemand über den Zwischenbericht hinaus über einen bestimmten Projektteil genauer informieren will, kann er sich anhand des Verzeichnisses der Projektunterlagen schnell Zugriff auf die Ursprungsdokumente verschaffen. Oft spiegelt sich in diesem Verzeichnis der Projektstand differenzierter wider als in den Ausführungen des Zwischenberichts.

Zu welchem Projektteil gehört das Dokument?

In der ersten Spalte »PSP« (Projektstrukturplan) erscheint die Nummer des Arbeitspakets, in dessen Rahmen das Schriftstück erstellt wurde. So behält der Leser die Übersicht, zu welchem Projektteil das Dokument gehört.

Das Datum macht es ihm leichter, sich im zeitlichen Verlauf der Arbeiten in den betreffenden Arbeitspaketen zu orientieren.

Danach folgt in der Spalte »Verfasser« der Name des Verantwortlichen für dieses Arbeitspaket beziehungsweise der Name des Stellvertreters, wenn das verantwortliche Projektteammitglied das Schriftstück nicht selbst verfasst oder unterschrieben hat.

In der Spalte »Art« steht die Angabe, um welche Art Dokument es sich handelt – denkbar sind etwa Vertrag, schriftlicher Auftrag, Gesprächsprotokoll, Protokoll einer Teambesprechung und so weiter. Die laufende Nummer des Schriftstücks erleichtert die Suche in den gesammelten Projektunterlagen und in der Projektdokumentation.

**Kostenkontrolle: Ausgaben dokumentieren**

Das Berichtsblatt »Kostenkontrolle« führt die geplanten und die tatsächlich verausgabten Budgetmittel auf, die den im Berichtszeitraum bewältigten Arbeitspaketen zur Verfügung standen.

Sollwerte für die Kostenkontrolle (Soll-Ist-Vergleich)

Auf der linken Seite stehen neben den Informationen, um welche Arbeitspakete es sich handelt, die geplanten Ausgaben, differenziert nach Personal-, Material-, Auftrags- und Gesamtkosten. Dies sind die Plankosten, wie sie auch im Projektbudgetplan stehen. Daneben folgen die tatsächlichen, zu einem bestimmten Zeitpunkt ermittelten Kosten, also die Istkosten. Die Differenz ist sowohl in absoluten Zahlen als auch in Prozentzahlen angegeben. Ganz rechts ergänzt die geschätzte

Kostenentwicklung bis zum Abschluss des Arbeitspakets das Berichtsblatt. Die Kostenkontrolle liefert damit auch eine Prognose des erwarteten Verlaufs der Kostenentwicklung in den einzelnen Arbeitspaketen.

**Beispiel Zwischenbericht Kostenkontrolle »Filmtage 2011«**
Im Projekt »Filmtage 2011« sind die Arbeitspakete 8.1 bis 8.5 abgeschlossen, die zuständigen Mitarbeiter haben die tatsächlichen Mehrkosten errechnet. Die Erwartung bis Projektende entspricht hier den zurzeit festgestellten Mehrkosten. Für das Arbeitspaket 9.1 rechnet das verantwortliche Projektteammitglied mit einem etwas höheren Defizit als zum aktuellen Zeitpunkt, da noch nicht ganz sicher ist, dass alle Programmpunkte wie geplant durchgeführt werden können. Es ist zu erwarten, dass hier noch ein geringfügiger zusätzlicher Personalaufwand nötig sein wird.
Im Arbeitspaket 9.6 »Filme ausleihen« stellt der Verantwortliche eine Einsparung von 300 Euro zum Zeitpunkt der Berichterstellung fest.

### Termin-Kosten-Bericht: Vergleichsmöglichkeiten schaffen

Hält die im letzten Berichtszeitraum festgestellte Tendenz an?

Der Termin-Kosten-Bericht gibt die Entwicklung von Terminen und Kosten im Vergleich zum letzten Berichtszeitraum wieder. Dabei setzen die Verantwortlichen zum einen die Arbeitsfortschritte in Beziehung zu den Ausgaben. Zum anderen vergleichen sie dieses neu errechnete Verhältnis mit dem Verhältnis der Kosten zur geleisteten Arbeit zum letzten Berichtszeitpunkt. Es geht also um die Frage, ob sich eine kritische Entwicklung seit dem letzten Bericht verschärft hat, sie kompensiert oder zumindest abgemildert werden konnte. In den Erläuterungen teilen die Verantwortlichen mit, wodurch die Abweichungen entstanden sind.
Die Schere zwischen Arbeitsfortschritt und Kostenentwicklung ist ein wichtiger Indikator, wenn zum Beispiel die Entscheidung ansteht, ein Projekt fortzusetzen oder es abzubrechen.

Maßnahmen, um die Arbeitspakete zu bewältigen

**Steuerungsmaßnahmen: auf Probleme reagieren**
Dieses Berichtsblatt zeigt alle Steuerungsmaßnahmen, die die Verantwortlichen ergriffen haben, um die Arbeitspakete des jeweiligen Berichtszeitraums erfolgreich zu bewältigen.
Steuerungsmaßnahmen sind ungeplante Aktionen, die nötig werden, wenn unerwartete Probleme auftauchen. Ihre Aufgabe ist es, Abweichungen vom Plan wieder zu kompensieren. Oft genügt ein Blick auf dieses Berichtsblatt, um zu sehen, wie es um das Projekt steht. Die nötigen Steuerungsmaßnahmen geben Auskunft, ob das Projektteam die anstehenden Arbeiten ohne Probleme, mit geringem zusätzlichen Aufwand oder mit erheblichem Mehraufwand bewältigen kann.
In den ersten beiden Spalten stehen die Nummer, die das Arbeitspaket im Projektstrukturplan hat, sowie seine Bezeichnung. Die folgenden Angaben beschreiben das Problem stichwortartig und skizzieren dann in der vierten Spalte die Maßnahme, die zur Lösung führen soll. Unter »Termin« steht das Datum, an dem die Maßnahme beschlossen wurde. In der letzten Spalte wird der Verantwortliche für die Durchführung der Steuerungsmaßnahme genannt.

## Sinnvolle Berichtsblätter

Die genannten Berichtsblätter stellen nur eine kleine Auswahl sinnvoller Formblätter dar, mit denen sich Berichterstatter das Leben erleichtern können. Grundsätzlich gilt: Alle Formblätter, die Auskunft über wichtige Aspekte des Projekts geben können, sind sinnvoll. Denkbar sind zum Beispiel Informationen zu den Qualitätskriterien mit den Erfüllungsgraden, die Gegenüberstellung der Vorgaben von Messgrößen und Prüfergebnissen, Auftragslisten aus den Besprechungen des Projektteams oder eine Zusammenschau der Ziele aus den Arbeitspaketen mit einer Einschätzung des Iststands.

## Muster Zwischenbericht Titelblatt

**Zwischenbericht**
Nr. 01 vom 27.05.2011

**Filmtage 2011**

| | |
|---|---|
| **Projektleitung** | Frau Dr. Meier |
| **Zeitraum** | 25.03.2011 bis 27.05.2011 |

## Muster Zwischenbericht Verteiler

### Zwischenbericht Filmtage 2011

Nr. 01 vom 27.05.2011

### Verteiler

1) Auftraggeber
   Herr Albrecht, Frau Beka, Herr Kunz

   Kulturamt
   Herr Deilbach

   Ordnungsamt
   Herr Ehlers

   Betriebshof
   Herr Fabelein

2) Universität, Fachbereich Medien
   Frau Dr. Gerich

   Fachhochschule
   Herr Dr. Holbach

   Volkshochschule
   Frau Ingersoll

[alle Mitglieder des Projektteams]

**Projektleitung** Frau Dr. Meier
**Zeitraum** 25.03.2011 bis 27.05.2011 Blatt 02

## Muster Zwischenbericht Inhaltsverzeichnis

# Zwischenbericht Filmtage 2011

Nr. 01 vom 27.05.2011

## Inhaltsverzeichnis



**Projektleitung** Frau Dr. Meier
**Zeitraum** 25.03.2011 bis 27.05.2011 — Blatt 03

## Muster Zwischenbericht Kurzbericht

# Zwischenbericht Filmtage 2011

Nr. 01 vom 27.05.2011

## Kurzbericht

**Leistung**

- Die Arbeiten übertreffen die Planung.
- Die Arbeiten entsprechen der Planung.
- Es gibt kleine Probleme.
- Es gibt große Probleme.
- Es gibt noch keine Lösung.

**Kosten**

- Die Kosten unterschreiten den Plan um .............. EUR.
- Die Kosten entsprechen der Planung.
- Eine Kostenüberschreitung von .............. EUR zeichnet sich ab; sie kann wahrscheinlich kompensiert werden.
- Die geplanten Gesamtkosten werden wahrscheinlich um .............. EUR überschritten.

**Termine**

- Die Termine sind der Planung voraus.
- Die Termine werden eingehalten.
- Unkritische Termine verzögern sich.
- Kritische Termine verzögern sich; die Verzögerungen können kompensiert werden.
- Der Endtermin wird voraussichtlich um .............. Wochen überschritten.

**Projektleitung** Frau Dr. Meier
**Zeitraum** 25.03.2011 bis 27.05.2011 Blatt 04

## Muster Zwischenbericht Projektorganisationsplan

**Zwischenbericht Filmtage 2011**
Nr. 01 vom 27.05.2011

**Projektorganisationsplan**

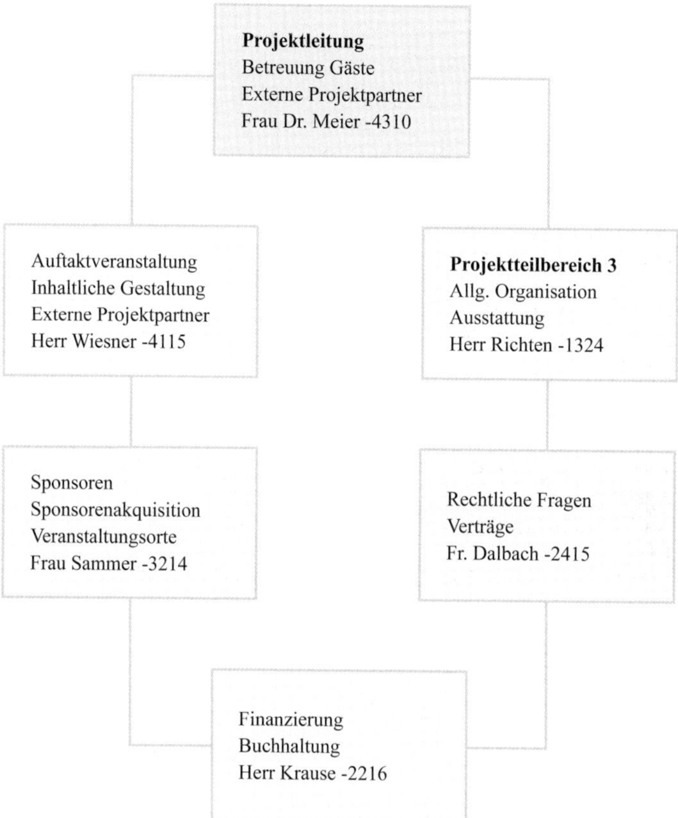


**Projektleitung** Frau Dr. Meier
**Zeitraum** 25.03.2011 bis 27.05.2011 Blatt 05

## Muster Zwischenbericht Projektstrukturplan

### Zwischenbericht Filmtage 2011

Nr. 01 vom 27.05.2011

### Projektstrukturplan

| Konzept | Finanzierung | Allg. Organisation | Veranstaltungsorte | Auftakt | Kooperation | Öffentlichkeitsarbeit |
|---|---|---|---|---|---|---|
| Themenschwerpunkte | Finanzierungsplan | Hotelzimmer Gäste | Räumlichkeiten besichtigen | Saal reservieren | Liste möglicher Kooperationspartner | PR-Konzept |
| Ausschreibung Filmakademie | Sponsoringkonzept | Verpflegung Künstler | Forum reservieren | Dekoration organisieren | Fachhochschule | |
| Filme sichten, auswählen | Sponsorenverträge | Schilder Veranstaltungsorte | Kinos buchen | Verpflegung beauftragen | Filmakademie | |
| Spezielle Gäste | Liste Sponsoren | Shuttleservice Moderatoren | Mietverträge abschließen | Gästeliste | Kinokunst e. V. | |
| Vorgespräche Regisseure | Sponsorenakquisition | VIP-Betreuung | | Einladungen versenden | Volkshochschule | |
| | Sponsoringrechnungen | Namensschilder | | Musik | Uni, FB Medien | |
| | Eintrittspreise | Technikbedarf | | Moderation | | |
| | Rechnungen Buchhaltung | Reinigungsfirma | | | | |

**Projektleitung** Frau Dr. Meier
**Zeitraum** 25.03.2011 bis 27.05.2011 Blatt 06

## Muster Zwischenbericht Arbeitspakete

### Zwischenbericht Filmtage 2011

Nr. 01 vom 27.05.2011

### Arbeitspakete

**Budget**

Gesamtbudget des Projekts: .............. EUR
Verbrauchte Budgetmittel bis zum Beginn des aktuellen Berichtszeitraums: .............. EUR
Projektbudget im aktuellen Berichtszeitraum: .............. EUR
Bis zum .............. verbrauchte Budgetmittel (aktueller Berichtszeitraum): ..............EUR

**Arbeiten im Berichtszeitraum**

- Termine wurden eingehalten.
- Fertigstellung verzögert sich
  Verzug ca. .............. Wochen

**Anordnung des Berichts**

1) Projektarbeiten im Berichtszeitraum
2) Projektfortschritte
3) Aktuell erreichter Projektstand
4) Gründe für Planabweichungen
5) Ergriffene Steuerungsmaßnahmen und Erläuterung
6) Aktuell geplante Arbeiten im kommenden Berichtszeitraum
7) Rechtslage und Verträge

**Projektleitung** Frau Dr. Meier
**Zeitraum** 25.03.2011 bis 27.05.2011 Blatt 07

## Muster Zwischenbericht Verzeichnis der Unterlagen

### Zwischenbericht Filmtage 2011
Nr. 01 vom 27.05.2011

### Verzeichnis der Unterlagen

| PSP | Datum | Titel | Verfasser | Art | Nr. |
|---|---|---|---|---|---|
| 2.2.3 | 02.04.2011 | Vereinbarung Wesel AG | Sammer | Telefonprotokoll | 029 |
| 3.1 | 04.04.2011 | Pauschalpreis Hotel | Richten | Verhandl.-Protok. | 030 |
| 3.2 | 04.04.2011 | Catering Gäste | Dalbach | Vertrag | 031 |
| 3.7.1 | 07.04.2011 | Konzerttechnik | Dalbach | Auftrag | 032 |

**Projektleitung** Frau Dr. Meier
**Zeitraum** 25.03.2011 bis 27.05.2011 Blatt 14

## Muster Zwischenbericht Kostenkontrolle

**Zwischenbericht Filmtage 2011**
Nr. 01 vom 27.05.2011

**Kostenkontrolle**

| Arbeitspakete | | Plankosten | | | | Istkosten | | | | Abweichung | | Überschreitung |
|---|---|---|---|---|---|---|---|---|---|---|---|---|
| PSP | Bezeichnung | Personal | Material | Auftrag | Gesamt | Personal | Material | Auftrag | Gesamt | Betrag | In % | Erwartung |
| 8.1 | Werbekonzept | 1 300 | | | 1 300 | 1 450 | | | 1 450 | 150 | 11,5 % | 150 |
| 8.2 | Logo entwickeln | 150 | | 800 | 950 | 150 | | 950 | 1 100 | 150 | 15,8 % | |
| 8.2.1 | Texte/Fotos für Programm | 450 | | | 450 | 450 | | | 450 | | | |
| 8.3 | Plakat gestalten | 150 | | 1 400 | 1 550 | 200 | | 1 400 | 1 600 | 50 | 3,2 % | |
| 8.4 | Eintrittskarte gestalten | 90 | | 300 | 390 | 90 | | 300 | 390 | | | |
| 8.5 | Flyer gestalten | 150 | | 1 000 | 1 150 | 250 | | 1 000 | 1 250 | 100 | 8,7 % | |
| 9.1 | Programm festlegen | 900 | | | 900 | 1 100 | | | 1 100 | 200 | 22,2 % | 400 |
| 9.2 | Moderatoren buchen | 100 | | 1 200 | 1 300 | 100 | | 1 200 | 1 300 | | | |
| 9.3 | Referentenvorträge klären | 450 | | 1 800 | 2 250 | 450 | | 1 600 | 2 050 | | | |
| 9.4 | Referentenworkshops klären | | | 1 800 | 1 800 | | | 1 800 | 1 800 | | | |
| … | | | | | | | | | | | | |

**Projektleitung** Frau Dr. Meier
**Zeitraum** 25.03.2011 bis 27.05.2011

Blatt 15

## Muster Zwischenbericht Termin-Kosten-Bericht

**Zwischenbericht Filmtage 2011**
Nr. 01 vom 27.05.2011

**Termin-Kosten-Bericht**

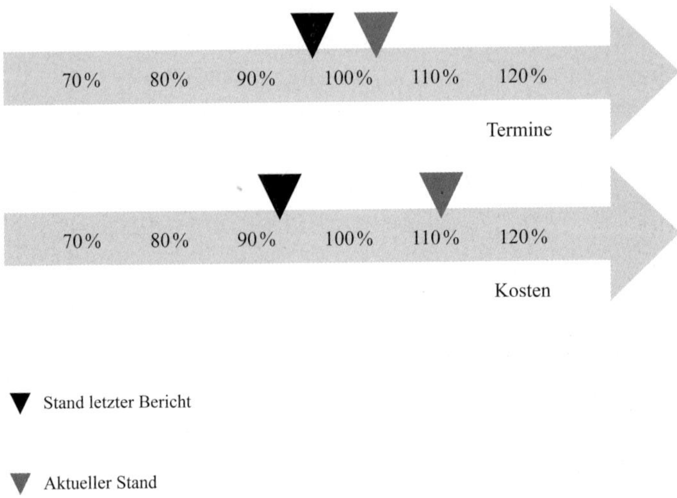


**Erläuterungen**

1) Die Hotelkosten sind höher als erwartet. Das führt dazu, dass bei 98 Prozent Arbeitserledigung 103 Prozent des Budgets verbraucht wurden.
2) Die Kosten für das Catering liegen (aufgrund zahlreicher Parallelveranstaltungen) etwa 15 Prozent höher als im letzten Jahr. Das bewirkt, dass bei 94 Prozent Arbeitserledigung schon 112 Prozent der Budgetmittel eingesetzt wurden.
3) Die Entwicklung ist deutlich ungünstiger als zum letzten Berichtszeitpunkt – derzeit sieht das Projektteam keine Möglichkeiten, diese Tendenz umzukehren.

**Projektleitung** Frau Dr. Meier
**Zeitraum** 25.03.2011 bis 27.05.2011 Blatt 16

## Muster Zwischenbericht Steuerungsmaßnahmen

### Zwischenbericht Filmtage 2011

Nr. 01 vom 27.05.2011

### Steuerungsmaßnahmen

| PSP | Bezeichnung | Problem | Lösungsmaßnahme | Termin | Verantwortlicher |
|---|---|---|---|---|---|
| 2.2.3 | Sponsorenakquisition | Hauptsponsor abgesprungen | Einzelhandelsverband mit Werbeflächen gewonnen | 07.04.2011 | Sammer |
| 3.1 | Hotelzimmer | Budget überschritten | Kompensierung bei Werbemaßnahmen | 29.04.2011 | Dalbach |
| 3.7.1 | Technik buchen | Technik vor Ort nicht zu haben | Serviceleister beauftragt | 13.05.2011 | Richten |
| 5.1 | Saal reservieren | Saal langfristig belegt | Ausweichmöglichkeit für Mieter gefunden | 22.05.2011 | PL |

**Projektleitung** Frau Dr. Meier

**Zeitraum** 25.03.2011 bis 27.05.2011

Blatt 17

### Die Bewertung des Projektfortschritts

Nach der Diskussion des Zwischenberichts entscheidet der Auftraggeber über den weiteren Projektverlauf. Dabei ist es wichtig, dass er über ein eindeutiges Entscheidungsinstrument verfügt, um Fehlentscheidungen zu vermeiden. In Organisationen, die über ein Projekthandbuch verfügen, gibt es für diese Entscheidung in der Regel präzise Kriterien.

### Punkte für Erfüllungsgrad vergeben

Erfüllungsgrad als Bewertungsgrundlage

In welchem Ausmaß die Ergebnisse des Projektteams die Kriterien erfüllen, lässt sich gut über ein Punktesystem bewerten. Grundlage ist der Erfüllungsgrad, den das verantwortliche Projektteammitglied bei einem einzelnen Arbeitspaket erzielt hat. Der Grad der Bearbeitung kann durch folgende Punkteskala festgelegt sein:

**Feststellung des Erfüllungsgrads**

| Bearbeitungsstand des Arbeitspakets | Punkte |
| --- | --- |
| Erstellung des Ergebnisberichts noch nicht begonnen | 0 Punkte |
| Erstellung des Ergebnisberichts begonnen | 1 Punkt |
| Ergebnisbericht erstellt | 2 Punkte |
| Ergebnisbericht erstellt und kontrolliert (falls erforderlich) | 3 Punkte |
| Ergebnisbericht erstellt, kontrolliert und freigegeben (falls erforderlich) | 4 Punkte |
| Ergebnisbericht erstellt, kontrolliert, freigegeben und verteilt | 5 Punkte |

Um das Projekt fortzusetzen, ist es entscheidend, eine Mindestpunktzahl zu erreichen. Häufig ist es auch notwendig, dass das Projektteam in einzelnen Bereichen noch einmal nachbessert, bevor der Auftraggeber »grünes Licht« für die nächste Projektphase gibt.

Dokumente, die die Fertigstellung belegen

**Was sind Ergebnisberichte?**
Als Ergebnisberichte für die jeweiligen Arbeitspakete gelten die Dokumente, die die Fertigstellung der Projektarbeit belegen.

> **Ergebnisbericht**
> Ein Arbeitspaket im Projekt »Filmtage 2011« umfasst die Buchung einer bestimmten Anzahl von Kinos sowie den Abschluss der entsprechenden Mietverträge. Hier stellt die Sammlung der abgeschlossenen Mietverträge einen Ergebnisbericht dar.

Welche Ergebnisberichte zu den einzelnen Arbeitspaketen vorzulegen sind, bestimmt die Checkliste, die das Projektteam im Zusammenhang mit dem Meilensteinplan ausgearbeitet hat.

Formel zur Berechnung des Erfüllungsgrads

**Berechnung des Erfüllungsgrads in Prozent**
Die Berechnung des Erfüllungsgrads ist eine einfache Rechenaufgabe:

$$\text{Erfüllungsgrad} = \frac{\text{Summe aller erzielten Punkte}}{\text{dividiert durch die Summe aller möglichen Punkte}} \cdot 100$$

Die Festlegung der einzelnen Punktzahlen anhand des Bearbeitungsstands erfordert einige Überlegungen. Hierzu ein Beispiel: Beim Projekt »Filmtage 2011« stehen im Projektteil »Allgemeine Organisation« folgende Arbeitspakete an:

AP 3.1 – Hotelzimmer für Gäste
AP 3.2 – Verpflegung Künstler
AP 3.3 – Beschilderung Veranstaltungsorte
AP 3.4 – Shuttleservice Moderatoren
AP 3.5 – VIP-Betreuung
AP 3.6 – Namensschilder
AP 3.7 – Technikbedarf abfragen
AP 3.7.1 – Technik buchen
AP 3.8 – Reinigungsfirma beauftragen

Zum aktuellen Berichtszeitpunkt hatte das verantwortliche Projektteammitglied die Arbeitspakete 3.1, 3.4, 3.7.1 und 3.8 zu erledigen. AP 3.7 wurde schon im vorigen Berichtszeitraum erledigt, die anderen Arbeitspakete stehen erst im weiteren Projektverlauf an.
Da für jeden Ergebnisbericht 5 mögliche Punkte zu erreichen sind, beträgt die maximal erreichbare Punktzahl 20 Punkte. Der Erfüllungsgrad errechnet sich aus dem Zustand der Ergebnisberichte wie folgt:

- AP 3.1 – Alle Zimmer sind gebucht. Der Projektleiter hat wegen Kostenüberschreitung die Buchungen noch nicht bestätigt, eventuell sind Nachverhandlungen nötig oder die Kostenüberschreitung muss kompensiert werden.
  Der Ergebnisbericht ist kontrolliert, aber nicht freigegeben, erhält also 3 Punkte.
- AP 3.4 – Der Shuttleservice ist gebucht. Die Konditionen sind ausgehandelt und vom Projektleiter geprüft und freigegeben. Alle Beteiligten haben den Bericht erhalten. Der Ergebnisbericht erhält also 5 Punkte.
- AP 3.7.1 – Die Technik kann vor Ort nicht vollständig beschafft werden. Es wurde ein Dienstleister eingeschaltet, der die Beauftragung der Firmen koordiniert; Auftragsentwürfe liegen vor. Da die Arbeiten noch nicht abgeschlossen sind, erhält der Ergebnisbericht nur einen Punkt.
- AP 3.8 – Die Verträge mit der Reinigungsfirma sind abgeschlossen, kontrolliert und freigegeben. Die Information der beteiligten Projektpartner steht noch aus, also erhält der Ergebnisbericht 4 Punkte.

$$\text{Erfüllungsgrad} = \frac{13}{20} \cdot 100$$

Der Erfüllungsgrad beträgt also 65 Prozent.

**Den Erfüllungsgrad interpretieren**

Bewertung von Erfüllungsgraden

Wie diese Punktzahl zu interpretieren ist, legt in der Regel das Projekthandbuch fest. Wenn keines vorhanden ist, der

Erfüllungsgrad im Projekt aber doch präzise ermittelt werden soll, müssen die Verantwortlichen gemeinsam mit dem Auftraggeber die entsprechenden Regeln in der Anfangsphase des Projekts festlegen. Hier eine mögliche Interpretation des Erfüllungsgrads.

**Erfüllungsgrad mit adäquaten Steuerungsmaßnahmen**

| Erfüllungsgrad in Prozent | Einstufung | Maßnahmen |
|---|---|---|
| 90 – 100 | A | **Sehr gutes Ergebnis**<br>Die Prüfung ist bestanden, wenn alle Einzelberichte mit mindestens 4 Punkten bewertet wurden. Es sind keine weiteren Maßnahmen erforderlich. |
| 80 – 90 | B | **Gutes Ergebnis**<br>Die Prüfung ist noch nicht bestanden. Es sind von der Projektleitung Maßnahmen einzuleiten. Eine erneute Berichterstattung ist nicht nötig. |
| 60 – 80 | C | **Lückenhaftes Ergebnis**<br>Die Prüfung ist nicht bestanden. Es sind in der Besprechung mit dem Auftraggeber Maßnahmen zu beschließen. Eine erneute Berichterstattung nach Anlauf der Maßnahmen ist nötig. |
| 0 – 59 | D | **Ungenügendes Ergebnis**<br>Die Prüfung ist nicht bestanden. Das Projekt ist gefährdet. Auftraggeber und Projektleitung haben sofort für einschlägige Verbesserungen zu sorgen. Eventuell ist der Kunde zu informieren. Der Projektzeitplan ist den Umständen entsprechend anzupassen. Ein neuer Berichtstermin ist festzusetzen. |

Die präzise Form der Bewertung von Erfüllungsgraden führen die Verantwortlichen hauptsächlich bei Projekten durch, die ein hohes Risiko darstellen. Das kann zum Beispiel dann der Fall sein, wenn ein Scheitern empfindliche Konsequenzen nach sich zieht, etwa Vertragsstrafen, Verlust von hohen Investitionen oder Ähnliches.

Einschätzung des Projektstands

**Anforderungen im Berichtszeitraum kontrollieren**

In vielen Projekten erfolgen Entscheidungen weniger formell. Dennoch orientiert sich die Einschätzung des Projektstands an Kriterien, zum Beispiel:

- Der Bericht ist vollständig: Alle geforderten Inhalte sind angesprochen.
- Die Projektunterlagen sind vollständig dokumentiert: Alle erstellten Unterlagen sind im Verzeichnis aufgeführt und im Projektarchiv abgelegt.
- Zu allen aufgetretenen Problemen konnten geeignete Maßnahmen gefunden werden: Diese Steuerungsmaßnahmen lösen mit hoher Wahrscheinlichkeit die Probleme. Sie sind verantwortlich delegiert, die Projektteammitglieder haben mit ihrer Umsetzung begonnen oder den Beginn verbindlich terminiert.
- Die Verschiebung des Endtermins ist eingeplant: Alle betroffenen Projektpartner beziehungsweise der externe Kunde wurden informiert und eine Einigung wurde erzielt.
- Die Überschreitung des Projektbudgets ist mit allen Verantwortlichen abgestimmt: Die Planung des Projekts wurde entsprechend abgeändert.
- Die Abweichungen von der Planung sind unter Kontrolle: Geeignete Steuerungsmaßnahmen oder kontrollierte Modifizierung führen dazu, dass die Plangrößen erreicht werden.
- Die Tendenz der Termin-Kosten-Entwicklung kann im nächsten Berichtszeitraum umgekehrt werden: Entsprechende, gezielte Maßnahmen sind geplant.

## Die Risikoanalyse

Projektteams müssen die Risiken ihres Projekts kennen, um ihre Aufmerksamkeit und Energie, ihre Kompetenzen und Ressourcen an den richtigen Stellen einzusetzen. Viele Projektteams lösen Probleme, die für den Projekterfolg weniger entscheidend sind als andere, die den Pro-

jekterfolg ernsthaft gefährden. Von elementarer Bedeutung ist es, Probleme mit hohem Risiko von eher nebensächlichen Problemen zu unterscheiden.
Früh erkannte Risiken ermöglichen es, rechtzeitig risikomindernde Aktivitäten einzuplanen. Diese erscheinen in den Planungsinstrumenten des Projekts und werden wie andere Arbeitspakete erledigt – Zeit- und Ressourcenbedarf sind bekannt. Spät erkannte Risiken erfordern dagegen in der Regel einen Nachsteuerungsbedarf, der sowohl Termine als auch Budgets gefährden kann. Vor allem bei Projekten mit hohen Investitionsvolumen ist es unverzichtbar, rechtzeitig Zeit in die Risikoidentifizierung und Risikobewertung nebst der Entwicklung von geeigneten Maßnahmen zu investieren.

### Risiken rechtzeitig identifizieren

Risikomanagement statt Krisenmanagement

Wenn Projektteams Probleme zu spät erkennen, schlägt das Risikomanagement in Krisenmanagement um. Die Folge: Alle Beteiligten werden von den Ereignissen getrieben und reagieren nur noch, statt zu agieren. Wie aber lassen sich mögliche relevante Probleme schon frühzeitig erkennen? Hier hilft eine Kombination aus analytischem Vorgehen und kreativem Ideenfindungsprozess.

### Mögliche Risiken auflisten

Sinnvolle Auswahl der möglichen Risiken

Risiken können vielfältig sein und in hoher Zahl auftreten. Eine erste Zusammenstellung darf durchaus umfangreich sein. Alle denkbaren Risiken vollständig zu erfassen, ist bei einem solch komplexen Vorgang wie einem Projekt nicht möglich. Gute Hinweise auf eventuelle Schwierigkeiten bieten Risikokataloge aus früheren, vergleichbaren Projekten oder Risikochecklisten, die auf Erfahrungswerten beruhen. Solche Unterlagen können Ausgangspunkt und Ideenanregung sein, um für das laufende Projekt die Risiken zusammenzustellen.

| Risikogruppen |
| --- |
| **Organisationsinterne Risiken** |
| Das Projekt steht in Konkurrenz mit anderen Projekten. |
| Die Priorität des Projekts ist nicht geklärt. |
| Das Budget wird gekürzt. |
| Die Projektleitung wird abgelöst. |
| Mitglieder im Projektteam wechseln. |
| Die Auswahl der Projektmitarbeiter ist nicht nach Fachkompetenz erfolgt. |
| Der Informationsfluss in der Organisation ist defizitär. |
| Der interne Auftraggeber trifft Entscheidungen zu spät. |
| **Externe Risiken** |
| Der Kunde ändert die Anforderungen. |
| Die Kosten für Fremdleistungen entwickeln sich negativ. |
| Externe Projektpartner fallen aus. |
| Vertragsbedingungen (zum Beispiel Budget oder Termine) werden nicht eingehalten. |
| Es gibt Einspruchsverfahren gegen Bauprojekte. |
| **Projektdefinition lässt Raum für Risiken** |
| Die Projektziele sind unklar. |
| Die Abgrenzung des Projekts ist mangelhaft. |
| Der Kompetenzrahmen des Projektleiters ist nicht geklärt. |
| Der Kompetenzrahmen des Projektleiters ist zu eng gesteckt. |
| **Risiken der Projektdurchführung** |
| Die Arbeitsverteilung im Projektteam ist nicht eindeutig. |
| Es kommt zu Widerständen der Linienvorgesetzten. |
| Vereinbarungen werden nicht eingehalten. |
| Die Kosten von Arbeitspaketen steigen an. |
| Abschlusstermine kritischer Arbeitspakete verzögern sich. |

### Welche Risiken gefährden den Projekterfolg?

Relevante Risiken definieren

Es ist nicht nötig – und auch nicht möglich –, zu allen aufgedeckten Risiken auch Maßnahmen zu definieren. Es genügt, diejenigen Risiken zu beobachten, die für den Projekterfolg relevant sind und mit hoher Wahrscheinlichkeit auch eintreten werden. Um diese potenziellen Gefahren für den Projekterfolg herauszufinden, ist es notwendig, dass die Verantwortlichen die Risiken bewerten. Für jene Gefahren, die ein echtes Risiko für den Projekterfolg darstellen, sollten die Verantwortlichen schon früh Gegenmaßnahmen überlegen.

### Risiken im Projektteam gemeinsam identifizieren

Systematisches Vorgehen

Um eine Übersicht der aktuellen Projektrisiken zu erarbeiten, kann zum Beispiel der Projektstrukturplan mit den darin aufgeführten Arbeitspaketen die Grundlage sein. Sinnvoll ist es, wenn das Projektteam hierzu arbeitsteilig in Kleingruppen, also zum Beispiel zu zweit, zusammenarbeitet. Jede Kleingruppe nimmt sich jeweils der Arbeitspakete an, die die beteiligten Projektteammitglieder verantwortlich betreuen und für die sie die meiste Erfahrung und Fachkenntnis mitbringen. Zusätzlich kann es sinnvoll sein, Informationen von außen zu beschaffen.
Die Ergebnisse dieser Überlegungen stellen die Kleingruppen im Plenum des Projektteams vor. Dort können die anderen Anwesenden Vorschläge zu weiteren Risiken machen. Das Ergebnis ist eine differenzierte Auflistung der Risiken, die in den einzelnen Arbeitspaketen auftreten können. Sie lassen sich sehr übersichtlich in Tabellenform darstellen. Dabei ist es nicht notwendig, alle Arbeitspakete in die Liste der möglichen Risiken aufzunehmen. Die Erfahrung und die fachliche Urteilsfähigkeit der Projektteammitglieder kann schon bei der Zusammenstellung als Filter dienen. Risiken, die sich nur geringfügig auswirken oder deren Eintreten nicht sehr wahrscheinlich ist, bleiben außen vor.
Dieser erste Filter sorgt dafür, dass das Risikomanagement weniger komplex ist.

## Muster Formular Risikenabschätzung

### Risiken in den Arbeitspaketen

| AP-Nr. | Risiken | | | Wirkung auf AP-Nr. |
|---|---|---|---|---|
| | Sachlich | Terminlich | Finanziell | |
| 2.5 | | | | |
| 2.7 | | | | |
| 2.8 | | | | |
| 3.2 | | | | |
| 3.5 | | | | |
| 4.1 | | | | |
| 4.3 | | | | |
| ... | | | | |

AP-Nr. = Nummer des Arbeitspakets

### Risiken systematisch bewerten

Das Projektteam muss die so gewonnene Liste der vermuteten Risiken jetzt bewerten. Dazu bietet sich als einfachste Möglichkeit ein Punktesystem an, das zwei Aspekte in einer Zehn-Punkte-Skala bewertet, nämlich die Eintrittswahrscheinlichkeit und die Relevanz des Risikos.

### R-Wert errechnen

Ein hoher R-Wert steht für ein hohes Risiko.

In eine entsprechende Übersicht tragen die Verantwortlichen die Nummer des Arbeitspakets im Projektstrukturplan ein und beschreiben das Risiko mit inhaltlichen Stichworten. Anschließend vergeben sie eine Punktzahl für die Wahrscheinlichkeit des Eintretens auf einer Skala von 1 bis 10. Ebenso schätzen sie noch die Schwere der Auswirkung des Risikos auf den weiteren Projektverlauf ein. Diese beiden Werte werden multipliziert und ergeben den R-Wert.

## Muster Bewertung der Risiken

### Bewertung der in den Arbeitspaketen erkannten Risiken

| AP-Nr. | Risiko | Eintrittswahr-scheinlichkeit | Schwere der Auswirkung | R-Wert |
|---|---|---|---|---|
| 2.5 | Risiko 1 | 3 | 4 | 12 |
| 2.7 | Risiko 2 | 8 | 6 | 48 |
| 2.8 | Risiko 3 | 4 | 1 | 4 |
| 3.2 | Risiko 4 | 2 | 2 | 4 |
| 3.5 | Risiko 5 | 3 | 2 | 6 |
| 4.1 | Risiko 6 | 7 | 10 | 70 |
| 4.3 | Risiko 7 | 1 | 3 | 3 |

AP-Nr. = Nummer des Arbeitspakets im Projektstrukturplan, R-Wert = Risikowert

In diesem Beispiel tritt also das Risiko 6 mit mehr als mittlerer Wahrscheinlichkeit ein und hat zugleich große Relevanz für den Projekterfolg – es erhält demnach den Risikowert 70.
Die Bewertung der Wahrscheinlichkeit kann nicht objektiv sein. Sie beruht auf einer subjektiven Einschätzung, die die jeweiligen Projektteammitglieder auf Basis ihrer Erfahrung treffen. In einigen Risikofällen kann es sinnvoll sein, den Rat von Außenstehenden einzuholen, zum Beispiel bei hochrelevanten Risiken, deren Wahrscheinlichkeit die Projektteammitglieder nicht sicher genug einschätzen können. Bei mittelgroßen Projekten mit hohem Investitionsaufwand wird das Projektteam mit der Risikoeinschätzung beginnen, zu einigen identifizierten Risiken zusätzliche Informationen beschaffen und dann die Risikobewertung abschließen. Das kann sich über zwei oder mehrere Besprechungstermine hinziehen.

Besonders gefährliche Risiken finden

**Risiken in eine Rangfolge nach R-Wert bringen**
Bei umfangreichen Listen mit vielen unterschiedlichen Risikowerten ist es empfehlenswert, eine zweite Tabelle anzulegen. Sie dient der Auswahl der Risiken, für die präventive Maßnahmen erarbeitet werden sollen.
In dieser zweiten Liste führen die Projektteammitglieder zunächst alle Risiken mit Arbeitspaketnummer und kurzer Beschreibung nach ihrem Risikowert in absteigender Reihenfolge auf. Anschließend kumulieren sie die Risikowerte von Zeile zu Zeile. In der letzten Spalte werden die kumulierten Werte in Prozent angegeben, wobei der höchste kumulierte Wert, derjenige aus allen bewerteten Risiken, 100 Prozent ergibt.
In dieser Beispieltabelle ist der kumulierte Wert aus den ersten beiden Zeilen 118; der kumulierte Wert aus den beiden ersten Zeilen mit dem Wert der dritten Zeile beträgt 130 und so weiter.
Aus der Liste geht hervor, dass die Risikofälle 6 und 2 schon über 80 Prozent des Risikos für das Projekt auf sich vereinigen. Diese beiden Risikofälle erhalten die höchste Dringlichkeitsstufe. Risiko 1 stellt weitere 8 Prozent des Gesamtrisikos und bekommt damit mittlere Priorität. Die restlichen Risiken stufen die Projektteammitglieder als vernachlässigbar ein.

## Muster Anordnung der Risiken

### Anordnung der Risiken nach ihrem Risikowert

| AP-Nr. | Risiko | R-Wert | Kumuliert | In % |
|---|---|---|---|---|
| 4.1 | Risiko 6 | 70 | 70 | 47,6 |
| 2.7 | Risiko 2 | 48 | 118 | 80,3 |
| 2.5 | Risiko 1 | 12 | 130 | 88,4 |
| 3.5 | Risiko 5 | 6 | 136 | 92,5 |
| 2.8 | Risiko 3 | 4 | 140 | 95,2 |
| 3.2 | Risiko 4 | 4 | 144 | 98,0 |
| 4.3 | Risiko 7 | 3 | 147 | 100,0 |

AP-Nr. = Nummer des Arbeitspakets im Projektstrukturplan, R-Wert = Risikowert

Welcher finanzieller Schaden entsteht?

**Bewertung des Risikos nach finanziellem Schaden**
Eine zweite Möglichkeit, um Risiken zu bewerten, besteht darin, den finanziellen Schaden, den sie anrichten können, einzuschätzen. Hierbei multiplizieren die Verantwortlichen die geschätzte Schadenssumme, die mit dem Risiko verbunden ist, mit der Wahrscheinlichkeit des Eintretens. Die Punkteskala in diesem Verfahren reicht in Zehnerschritten von 0,1 bis 1,0. Das Verfahren verlangt eine abstrakte Betrachtung, denn die ermittelte »wahrscheinliche Schadenssumme« stellt eine theoretische Größe dar. Wenn der Schaden eintritt, wird die gesamte Summe fällig und nicht nur ein Bruchteil davon. Dennoch ist es sinnvoll, die Eintrittswahrscheinlichkeit zu berücksichtigen, etwa wenn die Verantwortlichen das Projekt gegen seine Risiken versichern wollen. Dann wird aber nicht die maximal mögliche Schadenssumme berücksichtigt, weil es sehr unwahrscheinlich ist, dass alle Risikofälle eintreten. Sowohl für

## Muster finanzielle Bewertung der Risiken

**Bewertung der erkannten Risiken nach finanziellen Gesichtspunkten**

| AP-Nr. | Risiko | Eintrittswahrscheinlichkeit | Relevanz (finanziell) | R-Wert |
|---|---|---|---|---|
| 2.5 | Risiko 1 | 0,3 | 4 000 | 1 200 |
| 2.7 | Risiko 2 | 0,8 | 6 000 | 4 800 |
| 2.8 | Risiko 3 | 0,4 | 1 000 | 400 |
| 3.2 | Risiko 4 | 0,2 | 2 000 | 400 |
| 3.5 | Risiko 5 | 0,3 | 2 000 | 600 |
| 4.1 | Risiko 6 | 0,7 | 10 000 | 7 000 |
| 4.3 | Risiko 7 | 0,1 | 3 000 | 300 |

AP-Nr. = Nummer des Arbeitspakets im Projektstrukturplan, R-Wert = Risikowert

die Versicherungssumme als auch für die Bereitstellung der finanziellen Reserven im Projektbudget stellt der Risikowert die realistischere Summe dar.
Die Summe aller Schadensfälle beträgt wahrscheinlich 14 700 Euro. Dieser Wert beziffert das Risiko nach der Eintrittswahrscheinlichkeit der Schadensfälle.

### Die Entwicklung von Maßnahmen zur Risikoabwehr

Risikovermeidung oder Risikominderung

Wenn das Projektteam die Risiken im Projekt identifiziert und bewertet hat, wählt es jene aus, zu denen es präventiv Maßnahmen entwickeln will. Diese Maßnahmen dienen entweder der Risikovermeidung oder der Risikominderung. Die Ideenfindung kann wieder arbeitsteilig in Kleingruppen erfolgen und anschließend im Plenum diskutiert und verabschiedet werden. Hierbei sind Fachkompetenz und Erfahrung der Projektteammitglieder von Bedeutung.

Zwei Arten der Risikobehandlung

## Geeignete Maßnahmen herausfinden

Im Wesentlichen gibt es zwei Arten von Maßnahmen zur Risikovermeidung beziehungsweise Risikominderung.

- Ursachenbezogene, präventive Maßnahmen, die dazu dienen, die Risiken komplett auszuschalten. Dazu gehören zum Beispiel die Analyse von Referenzprojekten und die Analyse der Vor- und Nachteile, die sich in der Nutzungsphase gezeigt haben.
- Auswirkungsbezogene Maßnahmen, die in der Lage sind, die negativen Folgen abzumildern. Hierunter fallen zum Beispiel Vertragsgestaltungen mit externen Firmen (Baufirmen und so weiter) oder Konventionalstrafen bei Nichteinhaltung von Fertigungsterminen.

Wenn es nötig erscheint, kann eine externe Beratung zur bestmöglichen Kombination von Sicherungsmaßnahmen führen. Dabei sollten die Verantwortlichen in erster Linie das Verhältnis von Kosten und Nutzen der infrage kommenden Maßnahmen berücksichtigen. Die Abschätzung der wahrscheinlichen Schadenssummen ist eine wichtige Basis für adäquate Entscheidungen.

Wer entscheidet über die Maßnahmen?

## Maßnahmen dem Auftraggeber vortragen

An dieser Stelle kommt wieder die Entscheidungskompetenz des Projektleiters ins Spiel. Liegen die vorgesehenen Maßnahmen in seinem Kompetenzrahmen, können sie unmittelbar in die Projektplanung integriert werden. Sie erscheinen im nächsten Zwischenbericht als Steuerungsmaßnahmen auf dem Berichtsblatt »Sondermaßnahmen«. Wenn Maßnahmen dabei sind, die den Kompetenzrahmen des Projektleiters überschreiten, muss er im nächsten Zwischenbericht die Zustimmung des Auftraggebers einholen. Womöglich ist sogar ein zusätzlicher Bericht beim Auftraggeber erforderlich, in dem die Verantwortlichen ausschließlich die Maßnahmen zur Risikovermeidung oder Risikominderung diskutieren und verabschieden.

# Register

## Q



## R

## S



## T



## U



## V



## W



## Z